DIPLOM-METEOROLOGE
HUBERTUS SCHULZE-NEUHOFF

Ein Fazit aus:
Klima-,
Erd- und
Sonnenzyklen

Klimawandel
alle 30 bis 40 Jahre

43 Jahre Klimaforschung
und andere HSN- Aktivitäten

Klimawandel alle 30 bis 40 Jahre

43 Jahre Klimaforschung

Diplom-Meteorologe

Hubertus Schulze-Neuhoff

Klimawandel alle 30 bis 40 Jahre

43 Jahre Klimaforschung und andere Aktivitäten des Heimatforschers

Vorweg mein Dank an Werner Blum, Traben-Trarbach für das Korrekturlesen und Thomas Marx und Team (Blickfang-Werbung) für Einscannen von Abbildungen

Satz, Redaktionelle Bearbeitung
Nb99999
Hubertus Schulze-Neuhoff und Werner Blum

Titelumschlag (Hintergrund) wie 2006

PETER MAX SÜNDERMANN

GRAPHIK: Traben-Trarbach

Herausgeber: Diplom-Meteorologe Hubertus Schulze-Neuhoff

Traben-Trarbach, 2011

Herstellung und Verlag: Books on Demand GmbH, Norderstedt

ISBN: 978-3-8423-0481-9

Inhalt: Seite

Einleitung:	Erfüllte Klimavorhersagen 1995, 2005, 2009	5
Kapitel 1a:	Wir leben in einer Warmzeit des Eiszeitalters	6
Kapitel 1b:	Acht Warmzeiten im 100 000-Jahre-Takt	6
Kapitel 1c:	Klimawandel (84 mal) ab 250 000 bis heute	7
Kapitel 2:	Erfüllte Klima-/Winter-Vorhersagen durch HSN	10
Kapitel 2a:	Der Winter 1995/96 von HSN gut vorhergesagt	10
Kapitel 2b:	Erfüllte Winterprognose 2009/10	10
Kapitel 3:	Multidekadale Phasen Atlantik und Pazifikraum	12
Kapitel 4:	Hochdrucklagen seit März 2008 mit neg. NAO-Index	16
Kapitel 5:	9 Warmzeiten ab 800 000 im ca. 100-Jahre-Takt	17
Kapitel 6:	Großliste mit Schnee- und Kälte-Events ab 1936	18
Kapitel 7:	Wetter, Klima und Natur im Kreisjahrbuch ab 1994	21
Kapitel 8:	Warmzeiten seit 1525 (insgesamt 10)	29
Kapitel 9:	Extreme oft dicht beieinander	31
Kapitel 10:	Orkane oft im Doppelpack	32
Kapitel 11:	Doppelpack-Hochs mit Kälte im 4-Wochen-Takt	33
Kapitel 12:	Die Sonne seit 2004 an 816 Tagen fleckenlos	34
Kapitel 13:	Entwicklung der Winter 2009/10 und 2010/11	35
Kapitel 14:	Beitrag MARCO Kauschke zum Winter 2009/10	37
Kapitel 15:	"Extreme Trockenheit in der Nahe-Region 1893"	39
Kapitel 16:	Bücher von HSN 1972, 1985 ff	40
Kapitel 17:	Schweinegrippe und Klimakatastrophe	41
Kapitel 18:	Kältewellen durch Sonne- und Planetenbahn ?	43
Kapitel 19:	Nord-Süd-Umkippung der Meridionalströmung	44
Kapitel 20:	Weitere Aktivitäten außer Klimaforschung	46
Kap. 20.1	Zwölf Schanzentouren ab 1999	47
Kap. 20.2	Mosel-Panoramen-Ausstellungen 2006 und Wetterforum	49
Kap. 20.3	Kultplatz Opferstein-Forschung Egge-Gebirge ab 2006	50
Kap. 20.4	Quellenfreunde und Barfußtage in Tr.-Trarbach ab 2006	55
Kap. 20.5	Traumhafte Himmelspforte nahe der Grevenburg ab 2009	58
Kap. 20.6	Kulturdenkmäler der Region Trier ab 2000	60
Kap. 20.7	Mitarbeit beim Offenen Kanal Wittlich ab 1995	61
Kap. 20.8	Die zwei Bücher von H S N im Jahre 2005 und 2006	62
Kap. 20.9	Warum wurde HSN so unermüdlich aktiv ?:	63
Kapitel 21:	Graphiken und Fotos zum Thema Klima und Aktivitäten	64
Kapitel 22:	Abschlussbemerkungen zum Hochwasser in Australien	77

Einleitung: Erfüllte Klimavorhersagen 1995, 2005, 2009

Im Jahre 1995 brachte ich im Kreisjahrbuch den Gedanken auf, dass wieder ein kalter Winter bevorstehen würde (entweder im folgenden oder nachfolgenden Winter). Es kam so.

Im Jahre 2005 brachte ich mein Buch heraus: „Ski und Rodel gut, ab sofort wieder öfters". Die Erklärung dafür finden Sie darin auf Seite 384 unter anderem:

„Die Hauptbegründung des Titels finden Sie im Kapitel über die Variationen der „Arktischen Oszillation AO". Sie zeigt schon stark negative Tendenz. Ähnliche Winter wie 2005/06 werden sich demnächst häufen"

Nun ist nach 5 Jahren genau das eingetreten, was ich vorhergesagt habe:
Seit dem Rekord-AO-Wert im Januar 1977 traten von Dezember 2009 bis Februar 2010 wieder extrem negative AO-Werte auf, siehe dazu die folgende Grafik und Tabelle in:

http://www.cpc.noaa.gov/products/precip/CWlink/daily_ao_index/ao.shtml

(Monthly mean AO-Index since January 1950, Graphical und Tabular format)

Am 11. September 2009 machte ich mir Gedanken um den Winter 2009/10. Da schrieb ich im Internet unter „Langfristprognose" im Forum von www.wetter-board.de und in www.awekas.at (unter Informationen & Wettermeldeforum), dass damit zurechnen sei, dass alle ca. 4 Wochen Kälte durch Blockhochs auftreten könne, wie oft in kalten Blockhoch-Wintern zu beobachten war. Hoch „PETRA" machte den Anfang im September, Blockhoch „DOROTHEA" brachte dann, nach harmlosen Kältewellen im Oktober und November, die erste Kältewelle und Schnee des Winters. Nach dem üblichen „Weihnachts-Tauwetter" folgten dann 44 Frosttage in Folge im Nordosten Deutschlands ab 28. Dezember bis 09. Februar. Aber beginnen wir nicht damit, sondern gehen wir zurück in die Vergangenheit mit früheren Warmzeiten, die alle durch Kaltzeiten abgelöst wurden. So geht es auch unserer Warmzeit der 1990iger Jahre.
Das Klima ist immer im Wandel!. Bei der Nordatlantik-Oszillation kam es seit 1865 zu einem ständigen Klimawandel von negativen zu positiven NAO-Indizes ca. alle 30 bis 40 Jahre.
Daher der Titel dieses Buches.
Und immer hatten die Menschen Angst, dass es so weiter ginge mit der Warmzeit/Kaltzeit (wenn sie länger da war) bzw. das Klima sich verschlimmern würde.

Die NAO-Werte seit 1865:

Phase 1865 - 1900: Negativphase I (21 von 35 Jahren: negativ)
Phase 1900 - 1939: Positivphase I (nur 13 von 40 Jahren negativ)
Phase 1940 - 1970: Negativphase II (18 von 31 Jahren negativ, extrem häufig die 1960iger)
Phase 1971 - 2000: Positivphase II (nur 11 von 31 Jahren negativ)
Phase 2001 - 2010: Negativphase III

15 Monate negativer NAO ab Dezember 2009 bis Dezember 2010 schlägt sich im Jahreswert 2009 noch nicht nieder. Quelle der Daten (Annual Station Based NAO Index)

http://www.cgd.ucar.edu/cas/jhurrell/indices.data.html#naostatann

Kapitel 1a: Wir leben in einer Warmzeit des Eiszeitalters

Warmzeiten gab es auf der Erde im ca. 25 Millionen-Jahre-Takt, siehe folgende Quelle:

http://commons.wikimedia.org/wiki/File:Phanerozoic_Climate_Change.png

Unsere Warmzeit und auch die vor 25 und 50 Mio. Jahren waren schwach im Vergleich zu den Super-Warmzeiten vor ca. 75, 275, 360 und 475 Mio. Jahren.
Hier weitere Adressen:
http://lv-twk.oekosys.tu-berlin.de/project/lv-twk/002-klimageschichte-kleiner%20ueberblick.htm
http://lv-twk.oekosys.tu-berlin.de/project/lv-twk/002-holozaen-2000jahre.htm

Danach gab es:
- 7 Eiszeitalter seit 4,6 Milliarden Jahren im Zyklus von ca. 150 Mio. Jahren.
- 8 Warmphasen seit 800 000 Jahren im Zyklus von ca. 100 000 Jahren
- 6 „Klimaoptima" ab 10 000 Jahren im Holozän (wir leben im modernen Optimum)
- 5 Warmzeiten ab dem Mittelalter siehe Abb. A2-04/09 im Zyklus von ca. 200 Jahren um 1100 (Doppelmaximum), 1300, 1500, 1700 (Doppelmaximum) und 1900 ff bis heute

Kapitel 1b: Die 8 Warmzeiten im 100 000-Jahre-Takt ab 750 000 bis aktuell

nachzulesen im Internet unter www.awekas.at
dann auf Informationen und Wettermeldeforum gehen, Datum der Eintragungen: 07.10.2009

http://upload.wikimedia.org/wikipedia/commons/5/53/MilankovitchCyclesOrbitandCores.png

http://en.wikipedia.org/wiki/Milankovitch_cycles

Kapitel 1c: Klimawandel (84 mal) ab 250 000 bis heute

http://www.climate.unibe.ch/~stocker/papers/stocker07rund.pdf

siehe Abb. 5 in oben angegebener Quelle

das Holozän habe ich als Nr. 27 und das EEM bei 125 000 als Nr. 26 dazu gezählt.

Auch hier ist die EEM-Warmzeit von ca. 125 000 bis 80 000 schön ersichtlich (INTER-STADIALE 21-26), erst dann dominierten die Kaltphasen (STADIALE) der WÜRM-Eiszeit.

http://www.wikiservice.at/demo/wiki.cgi?Sonnenwetter#18100000Jahre11MilankovitchWarmamp Eiszeiten

Gehen wir mal wieder zurück in die Vergangenheit: Ab der HOLSTEIN-Warmzeit gab es jeweils drei Super-Warmzeiten:

- um 240 000, 220 000 und 200 000 (die HOLSTEIN-Warmzeiten)
- um 125 000, 100 000 und 80 000 (die EEM-Warmzeiten)
- ab 10 000 bis heute („HOLOZÄN-Warmzeit 1")

http://www.astro.bas.bg/~komitov/hol_c14.htm

Die Erwärmungen seit 250 000 vor heute:

Die Warmphasen Nr. 1 ff ab 250 000 vor heute, MWW = Milankotch-Warmphasen I, II und III, Abb. 5 in http://www.climate.unibe.ch/~stocker/papers/stocker07rund.pdf

Ihr folgte die vorletzte Eiszeit: Saale im Norden bzw. Riß im Alpenvorland

http://de.wikipedia.org/wiki/Saalekaltzeit

Natürlich hatte auch dieses Glazial viele Interstadiale & Stadiale, die aber hier unberücksichtigt sind, da sie nicht so gut nachweisbar sind. Hier die Liste der Warmphasen:

1. 240 000 HOLSTEIN MW Ia = Warmzeit zw. Saale & Elster / Würm & Riß
2. um 220 000 HOLSTEIN MW Ib = siehe Ia
3. um 200 000 HOLSTEIN MW Ic = siehe 1a
4. um 125 000 EEM Ia = MW IIa
5. Nr. 25 in http://www.climate.unibe.ch/~stocker/papers/stocker07rund.pdf
6. Nr. 24 in http://www.climate.unibe.ch/~stocker/papers/stocker07rund.pdf
7. Nr. 23 um 100 000 EEM Ib = MW IIb
8. Nr. 22 Abb. 5 in o.a. Quelle
9. Nr. 21 um 80 000 EEM Ic = MW IIc
10. = Nr. 20, 11. = Nr. 19, 12. = Nr. 18, 13. = Nr. 17, 14. = Nr. 16, 15. = Nr. 15, 16. = Nr. 14
17. = Nr. 13, 18. = Nr. 12, 19. = Nr. 11, 20. = Nr. 10, 21. = Nr. 9, 22. = Nr. 8, 23. = Nr. 7
24. = Nr. 6, 25. = Nr. 5, 26. = Nr. 4, 27. = Nr. 3, 28. = Nr. 2
29. Warmphase ab 240 000 = Nr. 1 in Abb. 5 der o.a. Abbildung
30. Warmphase um 9000 vor heute: „HOLOZÄN=ATLANTIKUM-OPTIMUM I"

31. Warmphase um 8000
32. Warmphase um 7000 nach http://www.astro.bas.bg/~komitov/hol_c14.htm
33. Warmphase um 4500: „HOLOZÄN=ATLANTIKUM-OPTIMUM II"
34. Bronze-Optimum um 3000 v.h., http://www.astro.bas.bg/~komitov/hol_c14.htm
35. Römer-Optimum um Christi Geburt
36. Warmphase 900 - 1000 durch hohe Solaraktivität, um 1050 OORT-Solar-Minimum
37. Warmphase 1100 - 1250 Mittelalter-Maximum, dann 1250 - 1350 WOLF-Solar-Minimum
38. Warmphase 1350 - 1400 durch hohe Solaraktivität, dann 1400 - 1500 SPÖRER-Minimum
39. Warmphase 1500 - 1600, dann 1600 - 1700 MAUNDER-Minimum-Jahrhundert
40. Warmphase(n) 1700 - 1800 durch 7 x Sonnenfleckenzahl >87, dann folgten um 1800 und 1900 die DALTON- und HSN-MINIMA.

Bis hierhin also 40 Warmphasen = 80 x Klimawandel.

Bis hierhin haben wir nur die Warmphasen betrachtet. Zwischen der ersten betrachteten Warmphase vor 240 000 vor heute und der jeweils nächsten lag natürlich immer ein Klimawandel zum Kalten, also haben wir es mit insgesamt 40 x 2 = 80 Klimawandel-Fällen und Sonnenaktivitätswechseln zu tun gehabt. Wobei zu beachten ist, dass ich die "Holocene Radiocarbon-Maxima = Solar-Minima vom "S+M-Typ" (S= SPÖRER-, M= MAUNDER-Solar-Minimum) zwischen 8000 und 9000 v.h. als Einheit genommen habe, ebenso die "WSM- Solarminima" von ca. 6000 – 5000, das „SM-Minimum" um 2300 und „OWSM-Minima" von 1050 bis 300 vor heute (W = WOLF-Solar-Minimum). Im 20. / 21. Jahrhundert: von 1920 - 2005 hatten wir hohe Sonnenaktivität, 7 x > 100, dann 2006 ff das LANDSCHEIDT-Minimum, insgesamt 816 Tage bis Dezember 2010.

Betrachten wir nun den Nordatlantik-Index NAO wie in der Einleitung, so kommen wir auf weitere zwei Warm- = positive NAO-Phasen:

81. Klimawandel: 1900 - 1939: = Positivphase I der NAO ab 1865 (nur 13 von 40 Jahren negativ)
82. Klimawandel: 1940 - 1970: = Negativphase I der NAO mit vielen kalten Wintern in Europa
83. Klimawandel: 1971 - 2004: = Positivphase II (nur 11 von 31 Jahren negativ)
84. Klimawandel: 2005 - 2030 ?: =-NAO-Negativphase II (drei von fünf kalte Winter)

Quelle der Sonnenaktivität: in GOOGLE den Text "Solar activity in the last millenium" eingeben (natürlich ohne Anführungszeichen), Fig. 1

Über / im Pazifik endete die vorletzte EL NINO-Warmphase 1949 und ging über in die vorletzte LA NINA-Phase (von 1950 - 1976, siehe http://jisao.washington.edu/pdo/

und hier die MEI-Daten ab ca. 1925 ff:
http://www.cdc.noaa.gov/people/klaus.wolter/MEI/

Das Wärme-Optimum in den letzten 25 - 30 Jahren in Europa ist bis heute gegeben. Über / im Pazifik war schon 1998 mit dem Super EL NINO 1997/98 und dem Höhepunkt der globalen Erwärmung die Warmphase Nr. 36 zu Ende gegangen. Dort dominiert seitdem schon die kühle LA NINA-Phase (für die nächsten Jahrzehnte?!)

Der letzte Klimawandel zum Kalten erfolgte über dem / in dem Pazifik schon 1998 wie eben erwähnt. In Europa "warten wir noch darauf". Die ersten Ansätze waren mit dem Winter 2005/06 getan, aber dann kam der Super-Rückschlag mit dem wärmsten Winter seit Messbeginn in 2006/07. Aber der Trend ist da, der letzte Winter lag auch schon in diesem Trend, was die meridionalen Lagen und Schneemengen nördlich und südlich der Alpen angeht, siehe Berichte von HEIMO, dazu später.

El Nino = Driver für Global warming und umgekehrt: La Nina driver für Global Cooling seit 1998: siehe Abb. 1 in:

http://www.appinsys.com/GlobalWarming/GlobalElNino.htm

Die Abbildung lässt sich auch anders analysieren:
tiefes Niveau wie eingezeichnet bis 1996, dann 1997 + 98 das Supermaximum, dann Ende 1998 Rückfall = LA NINA-Phase I auf fast das gleiche Niveau wie zuvor, dann ein leichtes Rückschwingen auf relativ hohem Niveau, 2008 dann neues Niveau-Absinken zur LA NINA-Phase II nach dem Super-Minimum.

Quelle 1: Folie 9: www.textlotse.de/matter/ElbeUrstromtal.ppt
Quelle 2: http://www.awekas.at/forum/viewtopic.php?t=5014
die letzten drei Sommer-Optima:
http://www.metoffice.gov.uk/corporate/pressoffice/2006/images/20061016b.gif

http://www.uni-koeln.de/math-nat-fak/geomet/meteo/Klimastatistik/

Kapitel 2: Erfüllte Klima-/Winter-Vorhersagen durch Hubertus Schulze-Neuhoff
Kapitel 2a: Winter 1995/96 gut vorhergesagt, wegen ca. 10-Jahre-Takt

Da ich gerade dabei war, von meinen Prognosen zu schreiben, den ersten Erfolg hatte ich mit der Vorhersage des kalten Winters 1995/96 im Kreisjahrbuch 1995, Redaktionsschluss Ende Sommer 1994, da schrieb ich:

"Alle ca. 10 Jahre (5/10 Jahre) treten kalte Winter auf: 1901, 07, 14, 29, 34, 40-42, 47, 54+56, 63, 70, 79, 85-87. Im Januar 1985 bin ich über das Moseleis von Traben nach Trarbach gegangen und 1995/96?

Im Jahrbuch 1997 des Kreises Bernkastel-Wittlich auf Seite 71 schrieb ich dazu folgenden Kommentar:

"Das Fragezeichen hatte ich deshalb setzen müssen, weil der Kaltwinter auch ein Jahr vorher oder nachher hätte kommen können und weil man nicht vorher sagen kann, wo der Schwerpunkt der blockierenden Hochdruckgebiete genau zu liegen kommt. Die Mosel fror zwar nicht zu, das Kältezentrum lag im Nordosten, 11 Jahre nach dem ersten der kalten Winter der 80iger Jahre. Aber die Hamburger Alster, die Flüsse im Osten Deutschlands und das Wattenmeer boten ein eindrucksvolles Naturspiel.
Ursache waren Höhenhochs und -tiefs (sog. Kaltlufttropfen), welche die Westdrift ab dem sehr warmen Oktober 1995 bis zum 22. April 1996 oft blockierten. Die Hochs über Skandinavien und Russland dominierten mit Ostwinden. ...."

Kapitel 2b: Erfüllte Winterprognose 2009/10

Zitat aus dem Internet am 11. September 2009:

"Gedanken zum Winter 2009/10: nochmals kalt und schneereich?
Die 1040 hPa von PETRA weit im Norden, über Nordirland veranlassen mich, mir Gedanken zu machen: Die Winter 1995/96 und 2005/06 und der letzte Winter und 1962/63 hatten alle Blockhochlagen im ca. Monatstakt aufzuweisen. Wenn das auch jetzt so weitergeht, dann wird der Winter ähnlich oder kälter als der letzte".

http://www.wikiservice.at/demo/wiki.cgi?Polarwirbel#12aKaltlufteinbrücheHitzeimWinter0506im Monatstakt

„Im vorletzten Bericht konnten wir entnehmen, dass am 18.11., 23.12. und 19.01.1962/63 blockierende Hochdruckgebiete im ca. Monats-Takt auftraten. Ähnliches passierte im Winter 2005/06 und 1995/96.....
Spinnt man die Gedanken mal weiter, dann könnte (!) das Hoch PETRA, wenn sich die Blockierung nun alle ca. 4 Wochen wieder neu einstellt, über England, Kaltluft jeweils von Norden und Nordosten einsickern. Aktuell hat die September-Sonne noch zu viel Kraft und erwärmt die Nordluft noch zu sehr. Es ist daher nur kühl, nicht kalt.
Aber es könnte so also ein weiterer kalter und schneeiger Winter folgen?"

http://www.wikiservice.at/demo/wiki.cgi?Polarwirbel#12bKaltlufteinbrücheimWinter199596imMonatstakt

Die Kälte kam dann tatsächlich im ca. 4-Wochentakt:

Kälte 1 am 14. September 2009, Trier, Minimum der Tageshöchsttemperatur
Kälte 2 am 14. Oktober 2009, Trier, Minimum der Tageshöchsttemperatur
Kälte 3 am 09. November, Trier, harmlos
Kälte 4 ab 13. - 20. Dezember 2009, die Dekaden-Rekordkälte,
nachzulesen in www.wetter-board.de in der Langfristprognose:
http://www.wetter-board.de/forum/wetterbericht/lokale-und-regionale-wettervorhersage/langfristvorhersage/35208-gedanken-zum-winter-2009-10-nochmals-kalt-und-schneereich/

Was war die Ursache für die extrem kalte Winterwoche?:
Der Polarwirbel schwenkte von Asien am 06.12 rüber nach Kanada / USA, brachte dort Schneechaos mit sich, ging in eine so genannte Brillenlage über.

Hier die drei Lagen als Beispiel: 06. 12. und 17.Dezember 2009:

siehe dazu htttp://www.pa.op.dlr.de/arctic/
In GOOGLE eingeben: "arctic vortex dlr"

http://www.pa.op.dlr.de/arctic/geop100/tt_2009120612_100.gif
http://www.pa.op.dlr.de/arctic/geop100/tt_2009121200_100.gif
http://www.pa.op.dlr.de/arctic/geop100/tt_2009121700_100.gif

Die Kältewellen im ca. 4-Wochentakt- wie kommen sie zustande?:

Alle ca. 4 Wochen baut sich oft ein Hoch nördlich 50 N auf und blockiert die Westdrift in kalten Wintern wie 1962/63, 1985-87, 1995/96, 2005/06 und 2008/09 und nun 2009/10.
Dann baut es sich langsam wieder ab und sog. Zonalisierung setzt ein (West-Ostdrift der Zirkulation) im Gegensatz zur Meridionalisierung (Nord-Südlagen auf der Ostflanke oder Süd-Nordlagen auf der Westflanke von blockierenden Hochdruckgebieten).

Kapitel 3: Die multidekadalen Phasen im Atlantik und Pazifikraum

Polarwirbel-Splitting ist oft im ca. 10-Jahre-Takt gegeben und in Zeiten mit negativer NAO = Nordatlantik-Oszillation. Die NAO ist ein Zirkulationsindex, der den Luftdruckunterschied zwischen Gibraltar oder den Azoren auf der einen Seite und Island auf der Nordseite wieder gibt. Wenn die NAO negativ ist, liegt ein Hoch im Norden bei Island oder über dem Nordmeer oder über Skandinavien und bei den Azoren nicht das übliche „AZOREN-Hoch", sondern ein AZOREN-Tief. Die NAO zeigt verschiedene Phasen, mal viele Jahre in Folge oder dominant positiv, negativ, positiv, negativ, ...

Ähnliches Muster gibt es auch bei

- der AMO = Atlantic Multidekadal Oscillation
- bei der PDO = Pacific Multidecadal Oscillation
- bei dem MEI-Index = Multivariate El Nino Oscillation
- bei der AO = Arctic Oscillation
- bei der NAM = Northern Annual Mode

Zur NAO siehe dazu folgende Liste:

12 Jahre in Folge positiv, das ist einmalig bis heute!
1903 3.89
1904 0.23
1905 1.98
1906 2.06
1907 2.06
1908 1.44
1909 0.00
1910 2.10
1911 0.29
1912 0.24
1913 2.69
1914 1.48

5 Jahre in Folge negativ, auch das gab es bis heute nicht mehr!
1915 -0.20
1916 -0.69
1917 -3.80
1918 -0.80
1919 -0.80

16 Jahre positiv, mit den zwei </> "- 1.0 Ausnahmen" 1924+1929 incl.
1920 3.18
1921 1.63
1922 1.85
1923 1.73
1924 -1.13
1925 2.39
1926 0.11
1927 1.72
1928 0.63

1929 -1.03
1930 0.91
1931 -0.16
1932 -0.50
1933 0.25
1934 0.86
1935 0.97

12 Jahre insgesamt überwiegend negativ, Ausnahme 1937 bis 1939 und 1943 bis 1946
1936 -3.89
1937 0.72
1938 1.79
1939 0.37
1940 -2.86
1941 -2.31
1942 -0.55
1943 1.48
1944 0.61
1945 1.64
1946 0.27
1947 -2.71

7 Jahre gemäßigt positive Phase, Ausnahme 1951
1948 1.34
1949 1.87
1950 1.40
1951 -1.26
1952 0.83
1953 0.18
1954 0.13

die starke negative Phase 1955 bis 1971, mit wenigen Ausnahmen. Die Eiszeit-Theorien "blühten" in den Köpfen der Menschen. Schuld waren angeblich die Atombombenversuche und andere Sündenböcke.
1955 -2.52
1956 -1.73
1957 1.52
1958 -1.02
1959 -0.37
1960 -1.54
1961 1.80
1962 -2.38
1963 -3.60
1964 -2.86
1965 -2.88
1966 -1.69
1967 1.28
1968 -1.04
1969 -4.89
1970 -1.89
1971 -0.96,

Beginn einer positiven Phase im Jahre 1972 mit den Ausnahmen 1977+1979, 1985+1987, 1996+1997, 2001, 2006 (ca. 5-, 10- und 15-Jahre-Takt):
1972 0.34
1973 2.52 erstmals wieder (nach 1920) sehr positiv!
1974 1.23
1975 1.63, 1974/75 zweitwärmster Winter
1976 1.37
1977 -2.14
1978 0.17
1979 -2.25
1980 0.56
1981 2.05
1982 0.80
1983 3.42 sehr positiv
1984 1.60
1985 -0.63
1986 0.50
1987 -0.75
1988 0.72
1989 5.08 sehr positiv!
1990 3.96 sehr positiv
1991 1.03
1992 3.28 sehr positiv
1993 2.67 sehr positiv
1994 3.03 sehr positiv
1995 3.96 sehr positiv

Vor dem nächsten Winter prognostizierte ich im Kreisjahrbuch Bernkastel-Wittlich den nächsten Kaltwinter (wegen Überfälligkeit, ca. 10-Jahre-Takt kalter Winter), siehe Kapitel 2a.

1996 -3.78 der Ausreißer zum Negativen!
1997 -0.17
1998 0.72
1999 1.70
2000 2.80 nochmals sehr positiv, die positive Phase "schwächelte" aber schon
2001 -1.89
2002 0.76
2003 0.20
2004 -0.07
2005 0.12, Ende der positiven Phase im Herbst 2005 vor dem ersten kalten Winter *
2006 -1.09, ich jubelte wegen meiner Buch-Prognose
2007 2.80, ich bekam einen starken Dämpfer, um nicht abzuheben
2008 2.11, ich blieb immer noch in der "Deckung"
2009 -0.40, ich frohlockte wieder ein wenig nach dem zweiten kalten Winter
2010 am 11. September 2009 mit Blockhoch Petra wagte ich meine Gedanken siehe Kap. 2b.

Noch ein Hinweis: Es handelt sich bei den NAO-Index-Werten um die Dezember/Januar/Februar-Werte der Stationen Gibraltar und Island. Der positive NAO-November 2009 geht hier also nicht mit ein. Der Winter 2009/10 wurde der dritte negative NAO-Winter seit dem Winter 2005/06 und es wurde der extremste NAO-Winter seit 1823, siehe:
http://www.cru.uea.ac.uk/~timo/datapages/naoi.htm

Die Zahlenwerte für Dezember 2009: -3.72
Januar 2010: -2.38
Februar 2010: -3.25
März 2010: -0.80

Das Ende der positiven NAO.und AO - Phase, die sich schon seit 2001 andeutete, veranlassten mich, mein erstes BoD-Buch im Jahr 2005 zu schreiben, das da heißt:
„Ski und Rodel gut, ab sofort wieder öfters", als Fazit aus Erd-, Klima und Sonnenzyklen"

Auf Seite 384 schrieb ich:

„Die Hauptbegründung des Titels finden sie im Kapitel über die Variationen der Arktischen Oszillation AO. Sie zeigt nach einer Häufung von positiven Indizes in den 1990iger Jahren (mit vielen Hochwasserfällen wie in den 1920iger Jahren) ... Tendenz zu negativen Werten. Daher war der Schneekatastrophen-Winter 2005/06 und fehlende Hochwasser seit Januar 2003 keine Überraschung, sondern das war überfällig. Ähnliche Winter werden sich demnächst häufen und auch verregnete Sommer wie 1965 werden wieder kommen".

So hatte ich geschrieben und nun haben wir schon mit den Wintern 2008/09 und 2009/10 schon wieder zwei Kaltwinter mit viel Schnee. Ich liege mit meinen Aussagen also auch da gut im „Rennen", im Gegensatz zu den Katastrophen-Vorhersagen betreffs „Global Warming".

Kapitel 4: Die Hochdrucklagen seit März 2008 mit oft negativen Westeuropa/Mitteleuropa-Index:

An Hand des HSN-Zirkulationsindexes WEO / MEO = EURO könnt Ihr schön die Blockierungshochs nördlich 50 Nord ab 19. März 2008 erkennen. Die Namen und Lage der Hochdruckgebiete findet ihr im Archiv von www.wetterpate.de

WEO/MEO = EURO: Höchstwert des Luftdrucks nördlich 50° N

Meine hier aufgezeichnete Serie der Blockhochs nördlich von 50° Nord begann am 19. März 2008 und das Hoch 1 bescherte uns weiße und kalte Ostern 2008 und viele Nord- und Ostlagen bis Ende März 2009. Unterbrechung ab 15.04. bis Ende Mai 2008
durch das Sommermärchen mit den Hochs KANAN, LARS, MARCO bis OTTO
ähnlich wie im April 2007, Mai 2008, April 2009 und April 2010

19.03.2008: Hoch Nr. 1 ohne Namen bei Irland, Kaltluft bringend
03.+04.04.2008: Hoch Nr. 2 (Jürgen) bei Irland
05.-11.04. Hoch Nr. 3 Grönland/Island ohne Namen, am 07.04. Azorentief 985 hPa!
12.+13.04.: Hoch südlich 50° Nord stärker als das Grönland-Hoch

Beginn des "Sommermärchens" 2008 im Frühling

15.-20.04.: Hoch Nr. 4 (KANAN) mit ca. 1025 bei Island /Westeuropa
21.- 23.04.: Hoch Nr. 4 (KANAN) mit 1020 bei island
24.+25.04.: Hoch Nr. 4 (KANAN) mit 1025 über SKN
26.-28.04.: - 1000 Hoch LARS (Nr. 5) südlich 50 N
29.+30.04.: 1020 hPa Hoch Nr. 5 (LARS) nach Finnland über 50 N
01.+02.05: 1000 Hoch 6 (MARCO) südlich 50 N noch über Frankreich
03.-07.05.: 1025 - 1030 Hoch MARCO über der südlichen Nordsee
08.-10.05.: 1025 Hoch MARCO über Schleswig-Holstein
11.05.: um 1025 Hoch MARCO Ostseeküste, sich nach Osten zurückziehend
12.-15.05.: um 1025 Hoch Nr. 7 (NEVIO I + II) Nordeuropa
16.+17.05.: 1000 zwei Tage Hoch östliche Mittelmeer
18.-27.05.: 1025 Hoch Nr.8 (OTTO I + II) Schottland / Nordmeer
28.-31.05.: 1025 Hoch OTTO I + II über Nordosteuropa
02.06.: 1025 OTTO I/ II im Nordost, Temp. - Max 1 des Sommers (ab Juni)
03.-08.06.: 1025 Hoch Nr.9 (PEER) im Norden Mittel/Westeuropas
Ende des Sommermärchens 2009 im Frühling

09.06.: 1000 hpa Hoch Azoren
11.06.: 1000 hPa Hoch Atlantik, Tief JORDEY I + II mit polarer Kaltluft bis ins Mittelmeer 17.06: 1000 Hoch Nr.10 (QUALID) über Frankreich
21.06.: 1000 Hoch Nr.11 (ROBERTO) über Frankreich
22.06.: 1000 Temperatur-Maximum Nr. 2 des Sommers an der Ostflanke von ROBERTO
24.06.: 1020 Hoch Nr.12 (SEBA) über Südengland
(http://www.met.fu-berlin.de/de/wetter/maps/Analyse_20080624.gif)

Die Fortsetzung dieser Liste findet ihr im Internet unter www.awekas.at
Unter den Stichworten „Informationen" und „Wettermeldeforum"

Kapitel 5: Die 9 Warmzeiten 800 000 bis heute, im ca. 100-Jahre-Takt

Quelle:
http://upload.wikimedia.org/wikipedia/commons/5/53/MilankovitchCyclesOrbitandCores.png

Warmzeit 1: um 780 000
Warmzeit 2: um 700 000
Warmzeit 3: um 600 000
Warmzeit 4: um 500 000
Warmzeit 5: um 400 000
Warmzeit 6: um 300 000
Warmzeiten 7, 8, + 9: um 220 000, 200 000 + 180 000
Warmzeiten: 10, 11 + 12: um 120, 100 000 und bis 80 000
Warmzeiten 13-54: ab 79 000 bis heute

Quellen:

1. http://www.climate.unibe.ch/~stocker/papers/stocker07rund.pdf, dort Abb. 5
2. „Ski und Rodel gut, ab sofort wieder öfters", dort Seiten 225 - 229, Warmphasen 13 - 48
3. Seiten 235 und 236 im selben Buch
4. PDO-Pacific Decadal Oscillations- Warmphasen in http://jisao.washington.edu/pdo/
5. AMO-Atlantic Decadal Oscillationen: drei Warmphasen ab 1856 bis heute

Kapitel 6: Großliste mit Schnee- und Kälte-Events ab 1936

Hier die markanten Ereignisse seit 1936 bis Mai 2010:

1.) am 17. April **1936**: großer Schneebruch in Westdeutschland durch Vb-Wetterlage*
2.) am 6. März **1971** minus 18 ° C im Vogelsberg (420 m über NN), Temperatur-Maximum minus 7 ° C, Hinweis Kollege Peter Döll
3.) am 26./27. April **1981**, 10 Jahre später, Schneerekord im Trierer Land, 38 cm Schnee in Deuselbach, umgestürzte, teils schon blühende Bäume. Am 26. April 17.00 Uhr in Frankfurt 21° C, in Trier bei Starkschneefall (ww = 75) nur +1 °C
4.) **1985 - 87** Kältewinter und vom 23. Dezember bis 17. Januar **1997** an der Mittelmosel 26 Eistage in Folge mit zugefrorener Mosel (HSN darüber gelaufen)
5.) Am 10. November **2004** gab es in Traben-Trarbach durch ein Mittelmeertief (unnormale Vb-Wetterlage*, Aufgleiten von Südost) mit 13 cm neuen Schneerekord für Novembermonate. http://www.donnerwetter.de/ecke/specials/041130.htm
6.) Die Sierra Nevada an der Westküste der USA erlebte bis zum 10. Januar **2005** Schneefälle, wie sie zuletzt 1916 auftraten. (http://www.nachrichten.ch/detail/200528.htm).
7.) Mitte Februar bis Mitte März **2005** Kälteperiode, 1.3.2005 sehr kalt, siehe "Dekadenrekorde"
8.) Am 1. Advent **2005**: die Schneekatastrophe Nr.1 vom Münsterland mit Stromausfall durch umgeknickte Masten infolge Schneelast von bis zu ca. 50 cm
9.) am 2. Januar **2006**: Tote in Bad Reichenhall durch Schneelast-Katastrophe Nr. 2
10.) Februar & März **2006** erneut mehrere Einstürze von Hallendächern in Niederbayern, Österreich und Polen infolge von Schneelasten
11.) Am 13. Oktober und 01. Dezember **2006** in den USA 350 000 & ca. 520 000 Menschen ohne Strom durch sog. Schnee-Blizzards
12.) Am 05. Januar **2007** Tausende tote Rinder in Kansas und Kalifornien infolge Schnee und Kälte
13.) Am 05. Februar **2007** extreme Kälte von minus 40 ° C in Winnipeg (USA). Die "Kältetore" zwischen Polargebiet und gemäßigten Breiten waren in Übersee in dem Winter mehrmals geöffnet, während in Europa durch Westwetter und fehlende Blockhochs und abtropfende Höhentiefs die Türen verschlossen blieben.
14.) Am 22. März **2007** fielen 20 cm Neuschnee von Osten durch Vb-Wetterlage* auf dem Flughafen Hahn im Hunsrück durch Tief PAUL II
15.) trockenster April **2007** seit Messbeginn an der Mosel (0 Liter Regen) durch Hochdruckserie, danach normaler Sommer ohne die Westdrift blockierende Hochdruckgebiete, aber meist arbeitnehmerfreundliches "Sonntags-bzw. Wochenend-Schönwetter"
16.) Am 22. August **2007** sintflutartige Regenfälle in Niedersachsen und im Sauerland durch Vb-Tief* Quirinus aus dem Mittelmeerraum
17.) Am 06. September **2007** fielen 90 cm Neuschnee auf der Zugspitze und es traten Überschwemmungen in Niederösterreich durch Vb-Tief* Xaver auf.
18.) Am 27. September **2007** Vb-Tief* FAYSAL I von der Adria über Passau zur Eifel mit Überschwemmungen in Aachen und Umgebung, am 29. September: Vb-Tief* FAYSAL II von der Adria nach Norden zum Harz, die Innerste sprang über die Ufer durch diese Vb-Regengüsse
19.) Vom 24. - 29. **2007** Oktober keine Sonne (6 Tage lang) durch Vb-Wolken* des Mittelmeer-Tiefs, Skisaisoneröffnung durch diesen CUT-OFF*.
20.) Am 09. November **2007**: Tief Tilo bringt Sturmflut an der Küste und erhöhte die Schneehöhe bis ca. 220 cm in den Alpen. Rekordschneehöhe von 48 cm im November auf der Wasserkuppe seit 71 Jahren. Am 18. November in Molina (Spanien) mit -19 ° C niedrigster Novemberwert seit 60 Jahren.
21.) Am 1. Advent **2007** traten 100 km/std. in Trier mit Böen Beaufort 10 - 11 auf, am Idarwald umgestürzte Bäume. Vom 29. November - 10. Dezember 12 Tage Westdrift mit 4 Sturmtiefs

(Eckhard, Fritjof, Hannes und Isaak) und 4 Hochwasserwellen an der Mosel (6.24, 6.68, 6.79 und 6.47 m am Pegel Trier)

22.) Im 1. Dezember-Drittel **2007** Winterwetter durch Polarluft im Osten und in der Mitte Nordamerikas (-15 bis -32 ° C). 250 000 Menschen waren ohne Strom als in Oklahoma Warmluft auf die Polarluft aufgleitete und Glatteis produzierte.

23.) Astrid und Bernhilde-Hochs dominierten 14 Tage lang mit "Industrieschnee" im Ruhrgebiet, dann "Weihnachtstauwetter" mit Glatteis am 23., 26. und 29. Dezember in NRW und Niedersachsen

Die Aufzählungen Nr. 24 bis 30 finden sie im Internet unter www.awekas.at, Informationen, Wettermeldeforum.

31.) Vier Polarluftausbrüche bis ins Mittelmeer am 1. und 30. Oktober und 13. und 23. November **2008**, siehe Höhentröge im Archiv von www.wetterzentrale.de

32.) Um den 13. Dezember **2008** brachte Mittelmeertief Tine Rekordschneemengen in den Alpen(ähnlich 2005/06), http://www.awekas.at/forum/viewtopic.php?t=3752

33.) Kältewellen durch Block-Hochs QUENTIN, ROBINSON und ANGELIKA ab 26.Dezember **2008** - 06. Januar **2009**. Auch in den USA sehr winterlich mit Hunderttausenden ohne Strom durch Eisregen und Schnee. An der Lena in Sibirien neuer Dezember Kälterekord.

34.) In Saarbrücken mit dem Dezember **2008** nun 11 zu kalte Monate ab August 2007), siehe www.bernd-hussing.de

35.) In Osttirol 2000 Menschen oder Haushalte ohne Strom durch Schneemengen am 20.01.**2009** (http://www.nachrichten.at/nachrichten/chronik/art58,98301)

36.) Das Jahr **2008** war das kälteste seit 1993

37.) In den USA am 28. Januar **2009** KÄLTE, Tote, Schnee und Hunderttausende ohne Strom

38.) Schneechaos in England, mit bis zu 30 cm Schnee, vom 02. bis 07. Februar **2009** (ein Tief zog von Ost nach West). In der Grafschaft Devon 30 Zentimeter Schnee. 200 Menschen saßen in eingeschneiten Autos fest.

39.) Autobahnen waren auch in Deutschland dicht, Autofahrer in ihren Autos eingeschlossen, zuletzt am 11. und 12. Februar **2009**.

40.) In Ostanatolien waren Tausende Dörfer durch Schnee abgeschnitten. Es war ein „Lawinenwinter" wie in Südtirol 1977, 1987, Februar 1999 und Februar 2009 (damit ein ca. 10-Jahre-Takt).
http://www.rp-online.de/public/article/panorama/ausland/677005/Tuerkische-Sonnenprovinz- versinkt-im-Schnee.html

41.) An der Ostküste der USA am 02.März **2009**, in Spanien, England und Schwarzwald am 05.März ff Winterrückkehr bzw. Fortsetzung.
http://www.handelsblatt.com/journal/nachrichten/schneechaos-an-der-ostkueste-der-usa;2183862

42.) Schneechaos in Amerika (in IOWA und in Washington im Nordosten) und Kältewoche vom 14. bis 21. Dezember **2009** in Europa. Ursache für die Ereignisse: Polarwirbel-Splitting in der Höhe.

43.) Ein schneereicher und kalter Winter **2009/10**, der dritte dieser Art seit dem 2005/06-Winter.

44.) April **2007**, Mai **2008**, April **2009** und April **2010**: Vier Monate mit jeweils viel Sonne, Wärme und Trockenheit.0

45.) Mai **2010**: Die ersten drei Wochen extrem kalt und auch insgesamt ein kalter Mai.

Die Aufzählungen Nr. 46 bis 54 finden sie im Internet unter www.awekas.at,

55.) Juni, Juli, August 2010: Ein extremer Sommer mit ausgeprägter „Schafskälte" vom 17. bis 22. Juni, heißem Juli, ab 27. Juni bis 21. Juli und Kälte Ende August (0.9 ° C auf dem Brocken, August-Negativrekord am 30. August)

56.) Nach dem Schnee- und Kältewinter 2009/10 ein extrem kalter Frühwinter 2010/11. Die letzte Dekade November und erste Dekade Dezember 2010 waren zusammen genommen die kälteste Periode in England seit mindestens 1879.

Die Nordatlantik-Oszillation NAO war 19 Monate lang negativ (von Juni 2009 bis Dezember 2010, mit Ausnahme des September 2009), siehe auch Graphik und Tabelle auf Seite 74.

Nicht der Golfstrom, nicht das Ozonloch und nicht das Kohlendyoxid waren der Grund für die „anormale Zirkulation". Azoren**hoch** und Island**tief** wurden oft durch Azoren**tief** und Island**hoch** ersetzt.

Erläuterung: Vb-Wetterlage, Vb-Tiefs, Vb-Wolken:
Solche Lagen entstehen, wenn ein Höhenhoch über dem Westen Europas bzw. Ostatlantik liegt, polare Kaltluft bis ins Mittelmeer vorstößt, sich eine so genannte Genua-Zyklone entwickelt und der Regen oder Schnee von Süden her nach Deutschland oder Osteuropa vordringt.

Kapitel 7: Wetter, Klima und Natur im Kreisjahrbuch ab 1994

Alle Beiträge des Kreisjahrbuches ab dem Jahre 1977 sind im Netz unter folgender Adresse abrufbar:
*www.alt-**bernkastel**.de/kjb.html* -

Dort finden Sie unter den Stichworten „Wetter und Schulze-Neuhoff" meine Wetter- und Klimabeiträge (jährliche Wetterrückblicke seit 1994, Ausnahme 1996).

Als Beispiel sind hier die Wetter- und Klimabeiträge sowie Beiträge aus der Pflanzenkunde der Kreisjahrbücher veröffentlicht:

SACHREGISTER, *II.1. Landeskunde, II.1.2 Klima (ab 2004)*
Titel, Autor Jahrgang Seite
„Die Lieser wurde zum reißenden Strom",Diedenhofen, Hans 2004 15
„Wetterchronik Herbst 2002 bis Sommer 2003",Schulze-Neuhoff, Hubertus 2004 28
„Wetterchronik Sommer 2003 bis Frühjahr 2004",Schulze-Neuhoff, Hubertus 2005 48
„Johannes Fueß und der Aufbau der Rebveredlungsanstalt" Fueß, Günter 2005 294
„Mehrere "Sonnen" am hellen Nachmittagshimmel",Ex Silva = Kritten, Stefan 2006 38
„Wetterchronik Sommer 2004 bis Frühjahr 2005",Schulze-Neuhoff, Hubertus 2006 40
„Wetterchronik- Sommer 2005 bis Frühjahr 2006",Schulze-Neuhoff, Hubertus 2007 60
„Die ehemaligen Moselpegel Kues und Traben",Sartor, Joachim 2007 177
„Kleiner Regenbogen-Exkurs",Schulze-Neuhoff, Hubertus 2008 80
„Kyrill fegte über uns hinweg",Schmitt, Claudia 2008 84
„Der Winter 2006/07 im Rückblick",Schulze-Neuhoff, Hubertus 2008 86
„Auf dem Rad im Gewittersturm unterwegs",Korst, Bernhard 2008 88
„Klimawandel",Werner, Christel 2008 89
„30 Jahre Wetterbeobachtung in Wengerohr",Hoffmann, Hermann 2009 41
„Markante Wetter-Ereignisse der Jahre 2005-2008", Schulze-Neuhoff, Hubertus 2009 43
„Das Prinzip und seine Anwendung in der Gemeinde Morbach", Nolden, Colin 2010 66
„Wetterchronik Sommer 2008 bis Frühsommer 2009", Schulze-Neuhoff, Hubertus 2010 77

SACHREGISTER, *II.1. Landeskunde, II.1.3 Pflanzen (Auswahl)*
Titel, Autor Jahrgang Seite
„Die Wiederbesiedlung einer Windwurffläche", Spielmann, Wolfgang 1992 34
„Verinselung und Biotopverbund in der Landschaft", Hild, Jochen 1992 291
„Empfehlungen zum Pflanzenschutz und zur Düngung", Hoffmann, Hermann 1992 301
„Seit wann pflanzen die Wittlicher Tabak an?", Becker-Neuerburg, Elisabeth 1993 90
„Kulturfolgende Pflanzen", Hild, Jochen 1993 317
„Die Auenvegetation der Mittelmosel", Hild, Jochen 1994 314
„Streuobstwiesen- Selten gewordene Lebensräume", Weitz, Heinrich 1996 298
„Wälder im Kreisgebiet Bernkastel-Wittlich - 1. Teil", Hild, Jochen 1996 314
„Wundersame Dinge am Wegesrand", Spielmann, Wolfgang 1998 330
„Nadelwälder und Forstgesellschaften im Kreisgebiet", Hild, Jochen 1999 338
„Orchideen - Juwelen in unserer Region", Binzen, Arnold 1999 345
„Grünland im Kreisgebiet", Hild, Jochen 2000 331
„Alte Bauerngärten in Greimerath", Schäfer, Hans-Peter 2001 231
„Die Pflanzen der Muttergottes", Knobloch, Gertrud 2001 343
„Die Mistel - Symbol für Frieden und Liebe", Knobloch, Gertrud 2002 62
„Wie Maulbeerbäume an die Mosel kamen", Schulze-Neuhoff, Hubertus 2003 45
„Vom Wasser zum Land: Der Auenbereich der Mosel", Weitz, Heinrich 2008 66

An dieser Stelle mein Dank an die Schriftleitung Frau Brunhild Schmitz und Frau Claudia Schmitt sowie dem Weiss-Druck-Verlag in Monschau. Auf den Seiten 21 bis 29 finden Sie die Wetterartikel der Kreisjahrbücher der letzten Jahre:

Wetterchronik Sommer 2005 bis Frühjahr 2006

Aus dem Kreisjahrbuch Bernkastel-Wittlich 2007 (Seite 60 und 61) mit Genehmigung.

Schafskälte und Hitze im Juni 2005
Die übliche Juni-»Schafskälte« kam ähnlich verfrüht (wie die Eisheiligen im Mai). Kalte 4,4° C wurden vom Kollegen Peter Döll in Wittlich am 7. Juni 2005 gemessen. Ursache war ein Juni-Hoch, das sich vom Ostatlantik über Westeuropa erstreckte. Trier verzeichnete 1035.9 hPa am 8. Juni (wie zuletzt 1962). Überhaupt dominierte das Ostatlantikhoch seit September 2004 öfter. Vom 18. bis 21. Juni brachte Südwestwind Hitze aus Spanien und 16 Stunden Sonne (u. a. auf dem Hahn). Vom 1. bis 20. fielen nur sechs Liter Regen in Traben-Trarbach. Am 21., 25., 27. und 29. brachten Gewitter dagegen viel Niederschlag. Mit letzterem (70 Liter in Kinheim, 55 in Wittlich) endete die Überhitzung.

Monsunkühle und Hitze im Juli
Vom 6. bis 8. Juli war kühles Westwetter (Juli-Monsun 1) angesagt. Damit zeigten alle vier Monate seit April um den 9. (April) und jeweils 7. (Mai, Juni, Juli) Kälteeinbrüche (siehe Abbildung).
Ursache war jeweils ein Höhenhochkeil über Westeuropa und ein Höhentief östlich davon. Letzteres zog weiter zu den Ostalpen und brachte dort sintflutartige dreitägige Regenfälle.
Bei uns folgte Juli-Hitze bis zum 18., bis dahin 30 Sommertage (über 25° C auf dem Trabener Mont Royal). Vom 19. an beeinflusste uns ein neues »Höhentief-Kullerei« und brachte uns Monsun-Kühle (Hamburg 30-stündigen Sintflut-Regen). Der »Zick-Zack-Sommer« bescherte uns dann nochmals drei heiße Tage vom 27. bis 29. mit Nacht-Gewittern (in Trier Unwetter mit 45 Litern am 29.) und dann Abkühlung. Hahn hatte vom 24. Juli bis 1. August jeden Tag Regen.

Hundskälte und Spätsommer im August
Nach einem Zwischenhoch am 2. und 3. folgte ab dem 4. August Abkühlung. Am 8. kam nur ein Höchstwert von 18° C zustande, (am 8. August 2003 waren es 39° C). Eine Woche später kämpften wir erneut mit August-Kühle und am 14. mit »Erdrutsch-Regen« in Traben-Trarbach.Zur Straße nach Irmenach musste wegen 34 Litern pro Quadratmeter in einigen Stunden (Messung R. Heydenreich) die Straßenmeisterei ausrücken. Das Zwischenhoch vom 16. bis 18. brachte auf dem Mont Royal den ersten August-Sommertag mit über 25° C am 18., ein Rekord seit Messbeginn 1978. Am 25. zeigte sich an der Mosel die erste Herbst-»Frontalzone«, die Westdrift eines ersten Orkantiefs bei den Hebriden. Dann kehrte der Sommer zurück, mit nochmals 3 Sommertagen am Monatsende und einem heißen Tag am 31. August.

September: Ein super Spätsommer
Vom 27. August bis 10. September verwöhnte uns die Sonne und trocknete den Boden weiter aus. Am 12. kletterte das Thermometer bei Nordwind und bedecktem Himmel nicht mehr auf 20° C. Am 15. gab es in Frankfurt den 61. Sommertag des Jahres, davon allein zehn im September. Solche »super September« gab es 1949, 1961, 1973, 1982, 1999 und 2005. Am 16.beendete eine Kaltfront die Wärmephase und brachte ein sonniges, kaltes Wochenende mit erstem Reif.Nach einer Woche wolkenlosem Himmel folgten Wolken und Regen ab dem 29. mit der zweiten Westdrift (Frontalzone).

Goldener Oktober:Hochdruck ohne Wind .
Am 1. Oktober regnete es unentwegt (ca. 20 Liter).Dann kämpfte sich die Sonne durch und ein »goldener Bilderbuchherbst« verwöhnte uns.

Graphik „Tageshöchsttemperatur auf dem Mont Royal" von Reinhard Meyer mit 124 Tagen kälter als 10° C von November 2005 bis März 2006 siehe im Original des Kreisjahrbuch 2007

November/Dezember: Der Advents-Takt

Bis zum 13. November herrschte teils typisches Novemberwetter mit Nebel und Regen, teils war es noch mild und sonnig. Schnee gab es am 25. November auf den Hunsrückhöhen. Er hielt sich mit Frosttagen bis zum 3. Im Gegensatz zum Münsterland mit ca. 200.000 Menschen ohne Strom blieben wir vom 24. bis 26. November 2005 vom Schneechaos verschont.
Sowohl im November als auch im Dezember verzeichneten die Meteorologen enorme Luftdruckschwankungen: Am Mittwoch, 23.11., 1.040 hPa, am Freitag, 25.11., vor dem ersten Advent, 984 hPa mit Schnee, am Samstag, 3.12., dem zweiten Advent, 975 hPa mit milden Temperaturen, am Samstag, 10.12., dem dritten Advent, 1.043 hPa mit Kälte und am 16.12., dem vierten Advent, 980 hPa mit Schnee. Ab 19. Dezember 2005 folgte dann das meist übliche »Weihnachts-Tauwetter«.

Dezember 2005/Januar 2006 – Kälte im Montags-Takt

Ab Montag, 26. Dezember, wurde es wieder winterlich bis zur Silvesternacht. Der Schnee schmolz und nur allmählich kehrte der Frost zurück bis zum Raureiftag am 11. Januar morgens. An diesem Abend gab es im Kreisgebiet nur örtlich gefrierenden Regen. Frost bis -9° C nach Aufklaren führte zu neuem Raureiftag am Montag, den 16. Januar, am Abend fiel erneut gefrierender Regen.
Am Montag, 23. Januar 2006, brachte Hoch Claus in Berlin mit 1.050 hPa auch uns »Väterchen Frost« mit nur -10° C im Gegensatz zu -30° C in Moskau. In der Nacht vom 25. auf den 26. kam wieder Schnee hinzu.
Am 2. Januar gab es nach dem »Advents-Takt« einen »Montags-Takt«. Und mit 1947 + 49, 1956 + 59, 1969, 1979, 1985 - 87, 1996 + 97, 2005 (Februar/März) + Januar 2006 einen 10-Jahres-Takt anormaler Zirkulation.

Februar/März 2006

Am 9. und 15. Februar stürmte es. Das erste Sturmtief brachte Bayern erneut Schneelast-Opfer wie bereits am 2. Januar, das zweite brachte Regen, Tauwetter und ein Mini-Hochwasser an der Mosel (Pegel Trier nur ca. 6 m).
Am 21. kehrte der Winter mit Frost zurück, am Rosenmontag, 27. Februar, fiel Schnee, dann folgte ein neues Hochwasser am 11. März mit 6,97 m am Pegel Trier.
Nach 124 kalten Tagen (Höchsttemperatur unter 10° C) stieg die Temperatur erst am 20. März auf dem Mont Royal wieder über diesen Schwellenwert. So eine Serie kalter Tage gab es seit Messbeginn 1978 noch nicht.

April/Mai 2006

Nach Westwetter mit Regen Ende März/Anfang April folgte Hoch »Lars« vom 4.-11. April, dann gab es erneut Westwetter mit viel Regen über Ostern. Erst am 21. April wurde die 20° C-Marke erstmals in diesem Jahr überschritten. Ein polares Höhentief brachte am April-Ende verfrühte Eisheilige am verlängerten ersten Mai-Wochenende (nur 8° C auf dem Mont Royal in Traben).
Vom 2. bis 12. Mai folgte »Pollenhoch Paul«, färbte die Landschaft gelb und ließ bei vielen die Augen tränen. Der Trockenheit folgten dann 85 Liter Regen mit wechselhaftem Wachstumswetter.
Am Frühlingsende - am 31. Mai - (zum meteorologischen Sommeranfang - 1. Juni) brachte verfrühte »Schafskälte« nur 10° C als Maximum.

Hochdruckgebiete im Monatstakt

Somit hatten wir am 25. November und 26. Dezember 2005, am 22. Januar, 23. Februar, 17. März, Ende April und Ende Mai 2006 Kaltlufteinbrüche mit Wind um Nord bis Nordost etwa im Monatstakt (Ausnahme: März).

Der Winter 2006/07 im Rückblick
Aus dem Kreisjahrbuch 2008

Nach dem heißen Juli und Herbst 2006 und vielen Nord- und Ostlagen infolge zahlreicher Hochdruckgebiete nördlich 50 Grad Nord von Oktober 2005 bis Oktober 2006 deuteten viele Regeln darauf hin, dass nach dem kalten Februar/März des Jahres 2005 und schneekatastrophenreichen Winter 2005/06 nochmals ein kalter Winter bevorstehen würde. Insbesondere ein warmer Oktober bedeutet in ca. 95% der Fälle einen kalten Hochwinter. Auch der Autor dieses Artikels rechnete damit. Aber das Wetter hat manchmal Überraschungen bereit, schaltet einfach um. Statt weiterhin Hochdruckgebiete weit im Norden zu produzieren, dominierten von November 2006 bis Ende Januar 2007 Tiefdruckgebiete. Sturmtief »Britta« machte am 3. November mit stürmischem Nordwest den Anfang. Bis Weihnachten dauerte es, dann erst schaffte es das Hochdruckgebiet »Zeno«, sich nach Südengland zu verlagern. Statt des üblichen »Weihnachts-Tauwetters« bescherte es uns einen Luftdruck von fast 1.040 hPa. Aber das war nur eine kurze Trocken- und Kälteperiode.

Am 31. Januar stürmte es erneut von Westen her. »Franz« und »Kyrill« waren die Sturm- und Orkantiefs am 11. und 18. Januar. Alle diese atlantischen Tiefs führten vorderseitig Warmluft nach Europa. So mussten die Ski und Rodelfans lange warten wie selten zuvor.

Die Folge dieser Kälte-Durststrecke war, dass sich die Presse und »Klimawandel-Experten« wieder aus der Deckung wagten und wagen. Denn nach den beiden oben erwähnten Kaltwinter-Perioden mit den Schneekatastrophen (u. a. im Münsterland und Bayern) war es an der »Klimafront« ruhig geworden. Am 23. Januar schaltete die Atmosphäre um. Hoch »Bruni« baute sich als Sperre zum Atlantik bei Irland auf und machte den Weg polarer Kaltluft bis ins Mittelmeer frei. Dadurch intensivierte sich Tief »Malte« und brachte erst dem Alpenraum und Süddeutschland, dann Ostdeutschland und dem Raum Prag große Schneemengen. Im Moseltal blieb der Himmel an diesen Tagen klar. Dadurch kam es zu den »Kälterekorden« des letzten Winters von minus 6-8 °C.

Am 26. Januar lag in Starkenburg oberhalb von Traben-Trarbach sogar ein ganzer Zentimeter Schnee. Und als erst Hoch »Dagmar« und dann ein Hoch bei Island erneut polare Kaltluft zu uns führten und Warmluft darauf aufglitt, meldete der Hahn am Morgen des 8. Februar sogar »Rekordschnee« dieses Winters mit mindestens vier Zentimetern.

Kälte- und Schneekatastrophen in den USA
Tatsache ist, dass es noch genug Kaltluft am Nordpol gibt. Am 6. Januar wurden in Winnipeg in Kanada in ca. 50 Grad Nord (auf ähnlicher Höhe wie Bernkastel-Kues) -42 °C gemessen und auf der Halbinsel Kola in Nordeuropa war es ähnlich kalt. Im Staat New York fielen in zehn Tagen bis zum 12. Februar 2007 drei Meter Schnee...

Milde Winter im 5-Jahres-Takt seit 1974
Diesen so extrem milden Winter (milder als der bisher wärmste, 1974/75) hätte ich vorhersagen können, wenn ich, wie in der Vergangenheit, den 10-Jahres-Takt und nun den 5-Jahres-Takt beachtet hätte.

Im Herbst 1995 kündigte ich im Jahrbuch des Kreises Bernkastel-Wittlich in Anbetracht der Kaltwinter 1985-87 den damals überfälligen kalten Winter 1995/96 an, ebenso im Wochenblatt Mosel-Hunsrück-Aktuell im Herbst 2005 den kalten und schneereichen Winter 2005/06.

Nach der Grafik der Mitteltemperatur der Winter in Traben-Trarbach vom Messbeginn 1979 bis 2006 mit den stürmischen Warmwintern 1990, 1995 und 2000/01 war dieser Winter 2007 als vierter dieser 5- bzw. 6-Jahres-Takt-Serie überfällig.

Interessanterweise taucht dieser 5-Jahres-Takt auch bei den Hurrikans auf.
Trotz übernormaler Aktivität seit 1995 kam es 1997, 2002 und 2006 zu einem starken Abfall der Hurrikantätigkeit, obgleich die Experten für 2006 ähnlich viele Hurrikans wie in den Jahren davor vorhergesagt hatten. Dieses Umschalten von einem System zum anderen wird oft zu spät erkannt, wie Dr. H. W. Christ in einer Nachbetrachtung zu der Hurrikan-Fehlprognose in der Beilage zur Berliner Wetterkarte vom 2. Februar 2007 schreibt.

Hochwasser an der Mosel
Am 14. Februar ging die Mosel nach den vielen atlantischen Tiefs wie schon am 20./21. Januar wieder über das Ufer.
Dann endlich brachte Hoch »Hella« (1.040 hPa über Skandinavien) Sonne und trockenes Karnevalwetter. Die Natur, die schon der normalen Entwicklung voraus ist, entging dem Kältetod dadurch, dass das Kältehoch »Katja« nur Nordosteuropa mit Temperaturen von minus 20-30 °C bedachte. Schneechaos gab es in Dänemark und Südschweden. Mecklenburg-Vorpommern wurde nur am Rande gestreift

Fazit des Winters 2007 bis 25. Februar
67 atlantische Tiefs tummelten sich im Raum Europa seit »Britta« Anfang November bis »Dietmar«. Dem standen nur die fünf markanten Hochdruckgebiete »Zeno«, »Bruni«, »Dagmar«, »Hella« und »Katja« nördlich 50 Grad Nord gegenüber.
Die vorherrschend westlichen Winde bis Stürme schaufelten viel Wärme nach Europa. Die »Kältetore« lagen in diesem Winter in Kanada/USA und Nordosteuropa.

Kräftiger Märzwinter als Zugabe
Nachdem der Winter von November bis Mitte März nur wenig Winterliches zu bieten hatte, gab es für Ski-, Rodel- und Kältefans noch eine kleine Entschädigung.
Vom 10. bis 16. März schien viel Sonne.
Nachts hatten wir an der Mosel leichte Nachtfröste als Folge des Doppelhochs »Maggi« und »Norma«, tags aber hielt schon Frühlingsluft Einzug. Kein Tropfen Regen fiel.
Aber dann wurde das »Kältetor zum Nordpol« geöffnet.
Die Nordatlantisch-Europäische Oszillation (NAEU) stellte sich grundlegend um. Ab 18. März 2007 baute sich ein Hoch über dem mittleren Nordatlantik mit einem Keil nach Grönland auf. Zwischen ihm und Orkantief »ORKUN« strömte polare Kaltluft (mit einzelnen Schneeschauern im Moseltal) zum westlichen Mittelmeer. Dort entwickelte sich Tief »Paul I« und schüttete viel Schnee in Österreich ab (Tausende Menschen waren ohne Strom). Teiltief »Paul II« zog nordwärts und von Polen westsüdwestwärts und brachte am 22. März den Rekordschnee dieses Winters mit 20 cm auf dem Hahn am Morgen des 23. März und insgesamt eine Woche lang Höchsttemperatur unter 10° C an der Mosel.

Im April Frühlingserwachen und 30 Trockentage nonstop
Die Hochdruckgebiete »Peggy«, »Queen« und »Renate« übernahmen vom 1. bis 30. April 2007 dann die Herrschaft über das Moselgebiet und brachten uns eine extrem lange Trockenperiode
mit herrlich warmen Temperaturen.
Für die Sonnenliebhaber war es ideal.
Im Internet können Sie übrigens die Namen der Hochs und Tiefs unter www.wetterpate.de erfahren. Wie es weiterging, erfahren Sie im nächsten Jahr.

Unbill
Regen überzieht das Land
Erde nimmt begierig auf
was heißer Sommer ihr geraubt
Fluss und Bäche schwellen an
rauschen hör ich's gleich dem Meer
wenn leichte Brandung es bewegt
Sturm reißt Äste hin und her
Graue Wärme bringt der Winter.
Frost und Schnee – wir warten drauf.
MARGARETHE KRIEGER

Markante Wetter-Ereignisse der Jahre 2005 bis 2008

Aus dem Kreisjahrbuch Bernkastel-Wittlich 2009 (Seite 43 und 44) mit Genehmigung.

1. Advent 2005:
Die Schneekatastrophe vom Münsterland mit Stromausfall durch umgeknickte Masten infolge Schneelast von bis zu ca. 50 cm.

2. Januar 2006:
Todesopfer in Bad Reichenhall durch Schneelast-Katastrophe Nr. 2.

Februar und März 2006:
Erneut mehrere Einstürze von Hallendächern in Niederbayern, Österreich und Polen infolge immenser Schneelasten.

13. Oktober und 1. Dezember 2006:
In den USA 350.000 und ca. 520.000 Menschen ohne Strom durch sog. Schnee-Blizzards.

5. Jan. 2007:
Tausende tote Rinder in Kansas durch Schnee und Kälte.

5. Februar 2007:
Extreme Kälte von minus 40° C in Winnipeg (USA). Die »Kältetore« zwischen Polargebiet und gemäßigten Breiten waren in Übersee in dem Winter mehrmals geöffnet, während in Europa durch Westwetter und fehlende Blockhochs sowie abtropfende Höhentiefs die Türen verschlossen blieben.

22. März 2007:
20 cm Neuschnee von Osten durch das Vb-Tief Paul II auf dem Flughafen Hahn im Hunsrück. Ein Vb-Tief lässt von Süden her feuchtwarme Mittelmeerluft in den mitteleuropäischen Luftraum gleiten. Die Folge sind große Niederschlagsmengen in Form von Regen oder Schnee

April 2007
Trockenster April seit Messbeginn an der Mosel (0 Liter Regen) durch Hochdruckserie, danach normaler Sommer ohne die Westdrift blockierende Hochdruckgebiete, aber meist arbeitnehmerfreundliches »Sonntags- bzw. Wochenend- Schönwetter«.

22. August 2007:
Sintflutartige Regenfälle in Niedersachsen und im Sauerland durch Vb-Tief* Quirinus aus dem Mittelmeerraum.

6. September 2007:
90 cm Neuschnee auf der Zugspitze und Überschwemmungen in Niederösterreich durch Vb-Tief Xaver.

27. September:
Vb-Tief Faysal II von der Adria über Passau zur Eifel mit Überschwemmungen in Aachen und Umgebung.

29. September:
VB-Tief Faysal II von der Adria nach Norden zum Harz, der Fluss Innerste in Niedersachsen sprang über die Ufer durch Vb-Regengüsse.

24.-29. Oktober 2007:
Keine Sonne vom 24.-29. (6 Tage lang) durch Vb-Wolken des Mittelmeer-Tiefs, Skisaisoneröffnung durch diesen CUT-OFF. Nur am 21. und 29. Oktober vor und nach dem CUT-OFF nennenswerte Regentage an der Mosel.

9. November 2007:
Tief Tilo bringt Sturmflut an der Küste und bis ca. 220 cm Schnee m den Alpen. Rekordschneehöhe von 48 cm im November auf der Wasserkuppe seit 71 Jahren.

18. November:
In Molina (Spanien) mit -19° C niedrigster November-Wert seit 60 Jahren.

Frühling 2008
Mit Orkantief EMMA wurde vom 1. auf den 2. März der Frühling eingerüttelt.
Nach VIVIAN und WIBKE im Februar 1990, LOTHAR im Dezember 1999 und KYRILL im Januar 2007 war dies der vierte Orkan mit 225 km/Std. Höchstgeschwindigkeit und mehr.
* Erläuterung zu den häufigen Vb-Lagen im Herbst 2007: Durch jeweils blockierendes Hoch im Westen konnte oft Polarluft von Nord- bis Südeuropa an der Ostflanke vordringen. Dadurch entstand über dem Golf von Genua oder über der Adria ein Vb-Tief, das dann »mittelmeergeschwängerte« Warmluft nach Norden oder sogar von Ost nach West um das Höhentief brachte mit lang andauerndem Sintflutregen oder Dauerbewölkung.
Das Wetter in Wittlich und Traben-Trarbach finden Sie als Tages- und Monatswerte in www.wetter-rlp.de, die Namen der Hochs und Tiefs in: www.wetterpate.de.

Mehr über das Klima und seine Ursachen finden Sie in:

- www.wikiwetter.de
- www.awekas.at
- www.wetter-board.de
  (Langfristvorhersage)

Sonnenträume
Wer möchte nicht mitunter fliehen
und einfach in die Ferne ziehen?
Besonders, wenn des Wetters Launen
nur noch von Eisesglätte raunen.
Dann ist es schön, davon zu träumen,
wie bunte Farben überschäumen.
Und doch – des Herbstes, Winters Farben
die lassen uns auch hier nicht darben.
So freue man sich an der Pracht,
die kaltes Wetter für uns macht:
Das Laub in hellem, buntem Kleid,
die weiße Fracht zur Winterzeit
an Schnee – wir wollen das genießen,
was uns das Jahr so legt zu Füßen.
GERTRUD KNOBLOCH

Wetterchronik Sommer 2008 bis Frühsommer 2009

Sommer 2008: bescheiden

Der Sommer 2008 begann in diesem Jahr schon im Extrem-Mai, denn die Hochdruckgebiete »Marco«, »Nevio«, »Otto« und »Peer« blockierten vier Wochen lang in Folge die Westdrift, brachten oft Ostwind und damit wenig Niederschlag, aber viel Sonne und Wärme. Das erinnerte an den Extrem-April 2007 mit seiner Hochdruckserie, damals ein absolut trockener Monat in Traben-Trarbach und Wittlich. Um den 11. Juni machten sich pünktlich die Eisheiligen bemerkbar, und ab ca. 25. Juni begann ein Sommer, der nie mehr als vier trockene und warme Tage in Folge zuließ. Tiefs dominierten mit häufigem Westwind, Regen und Schauern bis Ende August.

Herbst und Winter mit sechs Polarluftvorstößen

Im September kehrten die Hochdruckgebiete nach Europa zurück. »Dieter«, »Erich« und »Fody« lieferten uns einen oft sonnigen, aber kalten September, der mit -2° Celsius unter dem langjährigen Mittel blieb. Pünktlich mit dem Beginn des zweiten Herbstmonats meldete sich der erste Herbststurm »zu Wort«. Ab 30. September um zehn Uhr morgens schob sich *erstmals in diesem Herbst eine Frontalzone* (= Mischzone polarer Kaltluft und gemäßigter Atlantikluft) von den britischen Inseln zu uns herein und brachte 27 Stunden lang Dauerregen und immer stürmischer werdenden Wind. Die Kaltfront des Sturmtiefs »Quinta« zog mit kräftigen Schauern und Böen durch. In der polaren Kaltluft erlebten wir »postfrontales Aufheitern«, dann typisches Aprilwetter mit häufigen Schauern und Böen, dazwischen aber oft blauen Himmel, Super-Fernsicht und Erwärmung durch die Sonne.

Am 7. Oktober, nach Dauerregen am Vortag, durften wir Warmluft, »Goldenen Oktober« mit Super-Laubfärbung (Hoch »Giesbert«), genießen. Vom 9. bis 14. kam Hoch »Hagen« nach Nebelauflösung, vom 17. bis 20. (nach Dauerregen und klarer und kalter Nacht) gefolgt von Hoch »Imko« mit viel Sonnenschein nach Moselnebel. Danach jedoch stürmte Tief »Valerie«. Ab 23. bis 26. zogen Hoch »Johann I und II« mit häufigem Sonnenschein heran. Am 27. Oktober schob sich zum *zweiten Mal in diesem* Herbst die Frontalzone (anfangs mit Warmluft auf der Vorderseite eines Höhentroges) und dann Dauerregen bis mittags von Tief »Xevera« zu uns herein. Bis zum 29. blieb es trocken und zunehmend kalt. Tief »Yulietta« brachte uns Regen am 30. Oktober, im Schwarzwald schon einen Rekord-Oktober- Schneefall. Am 31. Oktober und 1. November regnete es erneut, danach wurden wir drei Tage lang mit einem warmen Südwind und zeitweiliger Sonne verwöhnt. Am 9. hielt Tief »Chanel« mit Dauerregen Einzug, anschließend überraschte uns Warmluft bis 18° C am 10. November. Nach stürmischem Kaltfrontdurchgang am 11. November vormittags mit Dauerregen zuvor schien zeitweise die Sonne vom 11. - 14. November mittags, die nächsten 3 ½ Tage herrschte ruhige Polarluft (zum dritten Mal eine Frontalzone bis zum Mittelmeer) vor, dann war es bedeckt und zeitweise gab es Nieselregen aus der Warmfront von Tief »Doreen«. *Der vierte Polarluftvorstoß* dauerte ca. vier Wochen lang ab dem 21. November. Zuvor zog in der Nacht zum 17. November eine schwache Kaltfront von Tief »Doreen« auf, dann strahlte »Supersonne« im Zwischenhoch »Noris«. Am Wochenende 21. bis 23. November ereignete sich *der erste Wintereinbruch* an der Mosel mit geschlossener Schneedecke in Starkenburg (260 m über NN), Sturmböen und Schneeschauern, sonntäglichem dreistündigen Dauerschnee durch Warmluft von Tief **»Jenny«**....

Die Fortsetzung finden Sie in den Kreisjahrbüchern 2010 und 2011

Kapitel 8: Warmzeiten seit 1525 (insgesamt 10)

10 x warm seit 1525 nach Pfister, "Klima immer im Wandel":
Das Klima ist immer im Wandel, siehe dazu die Seiten von Gerstengabe und Werner:
http://www.pik-potsdam.de/members/pcwerner/vl-7

Seite 31 zeigt mindestens 10 Warmzeiten seit 1525,
4 x warm war es:
um 1525-60
um 1605 nach starker Kälte
um 1680
um 1705 + 25 nach starker Kälte im solaren Maunder-Minimum,
dann folgten die 6 Warmphasen, siehe Messwerte nach Baur ab 1761

http://wapedia.mobi/de/Zeitreihe_der_Lufttemperatur_in_Deutschland

http://pic.srv202.wapedia.mobi/thumb/8b7914599/de/max/1440/900/Temperaturreihe_Deutschland%2C_Jahr%2C_30-10.PNG?format=jpg,png,gif

http://www.wetterklimafakten.eu/Hohenpeib.htm

http://www.wetterklimafakten.eu/Hohenpeib.htm

http://www.met.fu-berlin.de/dmg/dmg_home/promet/26_12/26_1_2_7.pdf

http://www2.lubw.baden-wuerttemberg.de/public/abt5/klimaatlas_bw/klima/aenderungen/mitteleuropa/index.html

HSN hat für Euch ein ehrliches Zitat gefunden:

"Am Anfang dieser besonders langen Messreihen zeigen sich Perioden, die ebenso warm oder sogar wärmer waren als die Gegenwart. Über den gesamten Zeitraum hinweg enthalten diese Zeitreihen daher meist keinen nennenswerten Trend" (Beispiel Hohenpeißenberg)

und auch diese Seiten sind super:
http://www.pik-potsdam.de/members/pcwerner/vl-6

langjährige Temperaturreihe Berlin

http://www.wetterzentrale.de/klima/tberlintem.html

Warm 1: 1756 - 1766, 10 x größer / gleich dem Grenzwert von 9.7

Warm 2: 1779 + 81 + 83
Warm 3: 1811 + 1821+22 - 1834, siehe auch 1911 - 1921 - 1934
Warm 4: 1859 + 68 + 72 + 74 + 78
Warm 5: 1898 + 1903 +04 + 06 und 1911 - 21 - 34, siehe auch oben
Warm 6: 1943 +48 +49 + 50 +52 + 59
Warm 7: 1971 + 74 +75 +77 +83+ 1988 - 2009, große Ausnahme nur 1996

Kapitel 9: Extreme oft dicht beieinander

Wetterextreme manchmal dicht beieinander (u.a. Juli - August 2006/2010)

Es ist oft so, dass die Extreme oft beieinander liegen. Bestes Beispiel war der herbstliche August nach dem Hitzejuli 2006. Und auch die multidekadalen Grafiken zeigen, dass es immer zum einen Extrem hochging, um dann innerhalb weniger Jahre auf einen Extremwert abzufallen, siehe die bisherigen zwei "Cold Shifts" in der Beringsee.
Hier nun weitere Beispiele:

1.) 2002 Jahrhundert-Oderhochwasser (und Kälte)
    2003 Jahrhundert-Hitzesommer über Europa
2.) August 2004 sehr nass
    September 2004 sehr trocken (an der Mosel)
3.) kalter Januar 1987 (-4.5 Abweichung)
    warmer Januar 1988 an der Mosel (Abweichung + 4.0)
4.) nassester Januar 1995 (206 Liter)
    trockenster Januar 1996 an der Mosel (seit 1980 (6 Liter)
5a) Hurrikan/ACE Maximum 1893 Minimum 1895
5b) Hurrikan/ACE Maximum 1950 Minimum 1952
5c) Hurrikan/ACE Maximum 1995 Minima 1993 + 1997
5d) Hurrikan/ACE Maximum 2005 Minima 2006 - 2009
6.) Schneekatastrophen 2005/06, heißer Herbst & Winter 2006/07
7.) extrem warmer Winter in Berlin 1821/22 (Kältesumme < 50)
    extrem kalter Winter in Berlin 1822/23 (Kältesumme 550)
    extrem warmer Winter in Berlin 1823/24 (Kältesumme < 50)
8.) extrem kalter Winter in Berlin 1928/29, extrem warmer 1929/30
9.) Nordwind - Südwind-Umkippung in Südtirol (Bozen) im Herbst
    Dezember 2008, siehe Extrabericht von HAIMO
10.) März 2008 mit Frühling und Winter-Wetter
    http://www.main-rheiner.de/region/serie/donnerwetter/objekt.php3?artikel_id=3238450
11.) 52 Tage ohne Frost ab 20. Oktober bis 12. Dezember 2009
    Kälterekord-Woche an der Mosel vom 13. - 21. Dezember 2009
    (Dill mit -26 ° C Rheinland-Pfalz-Rekord und Temperaturmaximum
    in Trier am 19. Dezember unter - 10 ° C)
12.) 1740 noch Eiszeit in Berlin mit Jahresmittel von 5.4, 1756 dann
    Hitzewelle von 11.5 ° C Jahresmittel ("global Warming"
    damals schon)
    http://www.webarchiv-server.de/pin/archiv06/5120061223paz05.htm

Wie kommt das ?: In Ausnahmejahren kommt es wiederholt zu einer Folge von Blockhochs im atlantisch-europäischen Raum. Dann geraten wir in Europa entweder in quasistationäre Omega-Hochdruckgebiete (wie 1.-10. August 2003, Juli 2006, April 2007, Mai 2008, April 2009 und April 2010). Oder aber wir bleiben in Europa tage- oder wochenlang in den abtropfenden Höhentiefs vorder- oder rückseitig der blockierenden Hoch's (wie August 2006 und Mai 2010).

Quelle der Hurrikan-Statistik (Grafik ab 1950):

http://www.cpc.noaa.gov/products/outlooks/figure3.gif

http://www.bild.de/BILD/news/2009/12/23/wetter-chaos/in-deutschland.html

http://www-de-7.wetteronline.de/cgi-bin/klibild?WMO=10803&ZEITRAUM=08&ZEIT=22122009&ART=MIN&LANG=de&1261571819&ZUGRIFF=____&MD5=

www.wetteronline.de
Messwerte aktuell, Baden-Württtemberg, Tabelle, Freiburg, Rückblick, Tiefsttemperatur und Höchsttemperatur

http://www-de-4.wetteronline.de/cgi-bin/klibild?WMO=10803&ZEITRAUM=08&ZEIT=22122009&ART=MAX&LANG=de&1261572033&ZUGRIFF=____&MD5=

minus 20 ° C am 20., plus 14 ° C zwei tage später

noch zwei Extreme:

1.) Sommer 2006: Extrem heißer Juli, dann Absturz zu kaltem August
2.) Sommer 2010: Heißer, trockener Juli (bis 21.), nach ausgeprägter „Schafskälte", dann Absturz zu sehr nassem August und sehr kaltem August-Ende.

Kapitel 10: Orkane oft im Doppelpack

Doppelpack-Orkane: Vivian + Wiebke bis Emma + Fee

http://www.wetteran.de/analysen/emma-und-fee.html

sehr guter Hinweis von Felix Welzenbach!

"Vivian" und "Wiebke" am 27.02. bzw. 01.03.1990
"Lothar" und "Lothar Successor" am 26.12. bzw. 27.12.1999 ("Martin" folgte am 28.12.)
Ex-Hurricane "Kyle" und "Jeanett" am 26.10. bzw. 27.10.2002
"Gerda" und "Hanne" am 12.01. bzw. 13.01. 2004
"Nina" und "Oralie" am 19.03. bzw. 21.03. 2004
Auch Orkan "Kyrill" am 18. Januar 2007 hatte einen Nachfolger, eine namenlose Randwelle, die sich an der wellenden Kaltfront von Kyrill gebildet hatte ...."

Orkan "Paula" mit zwei Randtiefs, also "Dreierpack!"
http://www.wetteran.de/analysen/27-01-08.html

Die Entwicklung bei www.wetterpate.de ab 23. Januar 2008, mit "Paula", "Quitta" und
Abschlusstief "Resi" auf der Nordflanke des Hochs "Bernd I und II" (II nach HSN) sehen sie hier:

http://www.met.fu-berlin.de/de/wetter/maps/Prognose_20080123.gif
http://www.met.fu-berlin.de/de/wetter/maps/Prognose_20080124.gif
http://www.met.fu-berlin.de/de/wetter/maps/Prognose_20080125.gif
http://www.met.fu-berlin.de/de/wetter/maps/Prognose_20080126.gif
http://www.met.fu-berlin.de/de/wetter/maps/Prognose_20080127.gif
http://www.met.fu-berlin.de/de/wetter/maps/Prognose_20080128.gif
http://www.met.fu-berlin.de/de/wetter/maps/Prognose_20080129.gif
http://www.met.fu-berlin.de/de/wetter/maps/Prognose_20080130.gif
http://www.met.fu-berlin.de/de/wetter/maps/Prognose_20080131.gif

Doppelpack-Tiefs "Emma I und II" und "Fee I und II" (II = Abschlusstief
nach HSN) auf der Nordflanke einer zonalen Hochdruckbrücke nahe den Azoren:

http://www.met.fu-berlin.de/de/wetter/maps/Analyse_20080228.gif
http://www.met.fu-berlin.de/de/wetter/maps/Analyse_20080301.gif
http://www.met.fu-berlin.de/de/wetter/maps/Analyse_20080302.gif
http://www.met.fu-berlin.de/de/wetter/maps/Analyse_20080303.gif
http://www.met.fu-berlin.de/de/wetter/maps/Analyse_20080304.gif

Kapitel 11: Doppelpack-Hochs brachten Kälte im 4-Wochen-Takt

Doppelpack-Hochs brachten Kälte im 4-Wochen-Takt. Es begann am 11. September 2009 mit "PETRA". Sie machte es im Alleingang und lenkte am 14. September. Tief "KUNIBERT" als Kaltlufttropfen von Nordost über Deutschland hinweg

http://www.met.fu-berlin.de/de/wetter/maps/Prognose_20090911.gif
http://www.met.fu-berlin.de/de/wetter/maps/Prognose_20090913.gif
http://www.met.fu-berlin.de/de/wetter/maps/Prognose_20090914.gif

Im Oktober dann die Hochs "VANESSA" und "WIEBKE" im Doppelpack, siehe 13. und 14. Oktober 2009:
http://www.met.fu-berlin.de/de/wetter/maps/Prognose_20091013.gif
http://www.met.fu-berlin.de/de/wetter/maps/Prognose_20091214.gif

Am 12. November 2009 dann nur an einem Tag schwache Kälte aus Nordost bzw. in der Hochdruckbrücke, die sich aus dem Azoren-Hochkeil über Spanien bis Süddeutschland und von Schweden aus nach Norddeutschland zusammensetzte:
http://www.met.fu-berlin.de/de/wetter/maps/Prognose_20091112.gif
die zwei Hochkeile waren ohne Namen

Im Dezember dann das Paar "DOROTHEA" und "ELLEN", als Folge von Polarwirbel-Splitting. Es baute sich eine Hochdruck-Brücke nach Russland aus. Südlich davon stiess russische Kaltluft massiv vor (- 18 ° C auf dem Hahn am 19.12.2009):

http://www.met.fu-berlin.de/de/wetter/maps/Prognose_20091212.gif
http://www.met.fu-berlin.de/de/wetter/maps/Prognose_20091214.gif
http://www.met.fu-berlin.de/de/wetter/maps/Prognose_20091217.gif

Hier die Auswahl der Lagen vom Beginn der "BRILLENLAGE" am 06.12. bis zu deren Ende am 17.12.2009 jeweils 12z (z=Zulu-Zeit=MEZ plus 1 Stunde):

http://www.pa.op.dlr.de/arctic/geop100/tt_2009120612_100.gif
http://www.pa.op.dlr.de/arctic/geop100/tt_2009120900_100.gif
http://www.pa.op.dlr.de/arctic/geop100/tt_2009121412_100.gif
http://www.pa.op.dlr.de/arctic/geop100/tt_2009121712_100.gif

Kapitel 12: Sonne 2004 bis 2011 an 819 Tagen fleckenlos

Unsere Sonne ging ab 2004 bis 2009 durch ein starkes Minimum der Sonnenflecken.
Nachdem sie schon im Jahr 2008 an 266 Tagen fleckenlos war, kam sie auch 2009 nahe an diesen Wert.

Daten der Sonne finden Sie hier:
http://sohodata.nascom.nasa.gov/
http://sohowww.nascom.nasa.gov/data/realtime-images.html
www.spaceweather.com

Die fleckenlosen Tage in 2007 bis 2009 sind hier aufgelistet:

ftp://ftp.ngdc.noaa.gov/STP/SOLAR_DATA/SUNSPOT_NUMBERS/2007
ftp://ftp.ngdc.noaa.gov/STP/SOLAR_DATA/SUNSPOT_NUMBERS/2008
ftp://ftp.ngdc.noaa.gov/STP/SOLAR_DATA/SUNSPOT_NUMBERS/2009
http://users.telenet.be/j.janssens/Spotless/Spotless.html#Period

August 2008 und März 2009 waren die fleckenfreiesten Monate dieses Super-Minimums.

Die fleckenfreien Tage zwischen Zyklus 23 und 24 finden Sie in **www.spaceweather.com**

Kapitel 13: Entwicklung der Winter 2009/10 und 2010/11

Kapitel 13.1: Winter 2009/10

Der Winter wurde wie der Nachfolgende durch Teilung des Polarwirbels in einem Ost- und Westwirbel um den 15. Dezember 2009 eingeleitet.

Die Blockhoch-Entwicklung im Raum Grönland-Island seit 28. Dezember 2009

Das Haupt-Winter-Hoch lag anfangs noch ohne Name bei Grönland-Island und statt eines üblichen Azorenhochs lag bei den Azoren das Tief "ANGELOS" mit einer Luftmassengrenze über Norddeutschland. Beginn mit einem negativen WE-/ME-Index = West-/Mitteleuropa-Index und Wintereinbruch mit Schnee an der Mosel am 03.Januar. Hier der Ablauf in Stichworten:

28.12.: Hoch Grönland 1025, "Azorentief" Tief "ANGELOS"

30.12.: 1030 hPa no name Hoch Raum Island, "ANGELOS", an der Mosel 9 ° C

31.12.: 1030 hPa no name Island, "ANGELOS" 985 hPa, + 7 ° C an der Mosel

01.01.: 1027 hPa Island, je zwei Tiefs 990 hPa an der Luftmassengrenze, -0.4 °

02.01.: 1035 hPa Island + 1025 hPa Norwegen, -5.5 ° C in Starkenburg

02.01.: 1037 Island-SE, Norwegen 1030 hPa, Hoch 1022 hPa "ARTHUR" Frankreich

03.01.: 1045 hPa Grönland mit Keil UK = United Kingdom, Azorentief 995 hPa,

  WE-/ME-Index -50 (minus (1045 - 995)

28.12.: http://www.met.fu-berlin.de/de/wetter/maps/Prognose_20091227.gif
31.12.: http://www.met.fu-berlin.de/de/wetter/maps/Prognose_20091231.gif
03.12.: http://www.met.fu-berlin.de/de/wetter/maps/Prognose_20100102.gif
aktuelle Großwetterlage: www.wetter.net

Polarwirbel Splitting im Februar 2009 und 3x in dem Winter 2009 und 2010:

http://earthobservatory.nasa.gov/images/imagerecords/36000/36972/npole_gmao_200901-02.mov
http://earthobservatory.nasa.gov/IOTD/view.php?id=36972
http://earthobservatory.nasa.gov/

Fall 1, 04.11.09, 12z, ohne Auswirkung auf Deutschland, weil der Hochkeil zu weit im Norden lag:

http://www.pa.op.dlr.de/arctic/geop100/tt_2009110412_100.gif

Fall 2: 09.12.09 ff, Hoch "DOROTHEA" zwischen beiden, von Skandinavien nach Island westwärts pulsierend:

http://www.pa.op.dlr.de/arctic/geop100/tt_2009120900_100.gif

Fall 3, 01.01.10: http://www.pa.op.dlr.de/arctic/geop100/a30.gif

Kapitel 13.2: Extrem-Winter 2010/11

Im Frühwinter 2010 entdeckte ich nach nunmehr 43 Jahren Klimaforschung den Mechanismus, wie ein kalter Europawinter entsteht:

Ausgangspunkt war die Lage vom 18. November, als mich mein Kollege Norbert Hagemann (als „Moselbert" im Internet bekannt) auf den kräftigen Omega-Höhenhochkeilt über dem Nordpazifik und wahrscheinlichen Polarwirbel-Split hinwies. Tatsächlich kam es so zur „HSN-Brillenlage" mit „polarem Break" am 22. November siehe:

http://www.pa.op.dlr.de/arctic/geop100

Wir erkennen die zwei Polarwirbel Ost und West als Brillengläser (nahezu kreisrunde Isohypsen) und zwei Höhenhochkeile (den über Alaska und den als „Nase" zu den „Brillen" passend den Atlantischen). Dieser mittelatlantische Höhenhochkeil verlagerte sich ostwärts (als Bodenhoch „Uwe" bis zu den britischen Inseln und Island) und ließ an seiner Ostflanke die polare Kaltluft und Schnee ab dem Wochenende 25./26. November nach Deutschland/Europa einfließen. Im weiteren Verlauf pulsierte der Höhenhochkeil westwärts bis zum Westatlantik. An seiner Vorderseite bildete sich ein so genannter langwelliger Höhentrog, der mit dem Mittelmeertief „Monika" erst Schnee, dann Tauwetter brachte (Pegel Trier 7,52 m). Der Höhenhochkeil (als Bodenhoch „Warren") schwenkte wieder ostwärts bis zur Position Island/Schottland und ließ an seiner Ostflanke wiederum Polarluft und Schnee auf der Rückseite von Tief „Petra" nach Deutschland einfließen. Dies ist nach zu vollziehen im Internet unter:

http://www.wetter3.de/Archiv/

Der Dezember 2010 war in Bremen der Kälteste seit 1900 noch vor 1969. Winterlich war es in Deutschland vom 25. November bis 5. Januar durch dominierende Nord- bis Ostwinde (Hochdruckgebiete Uwe, Warren und Zölestin u.a.), dann folgte Frühlingswetter bis 15° C an der Mosel und Hochwasser mit Pegel Trier von 8,79 m. Dank an Peter Maise aus Enkirch für die Bremen-Statistik.

Kapitel 14: Beitrag MARCO Kauschke zum Winter 2009/10

aus www.wetter-board.de

Siehe Forum, Langfristvorhersage mit dem Thema

- „Gedanken zum Winter 2009/10: nochmals kalt und schneereich?"

http://www.wetter-board.de/index.php?page=Thread&threadID=35208

- Am Freitag, 11. September 2009 schrieb ich folgende Zeilen:

„Die 1040 hPa von PETRA weit im Norden, über Nordirland veranlassen mich, mir Gedanken zu machen. Die Winter 1995/96 und 2005/06 und der letzte Winter und 1962/63 hatten alle Blockhochlagen im ca. Monatstakt aufzuweisen. Wenn das auch jetzt so weiter geht, dann wird der Winter ähnlich oder kälter als der letzte".

Marco Kauschke u.a. haben zu diesem Thema viele Kommentare geschrieben, hier zwei seiner hinzugefügten Abbildungen. Nachfolgende zeigt den Polarwirbel-Split für den 11. Dezember 2009:

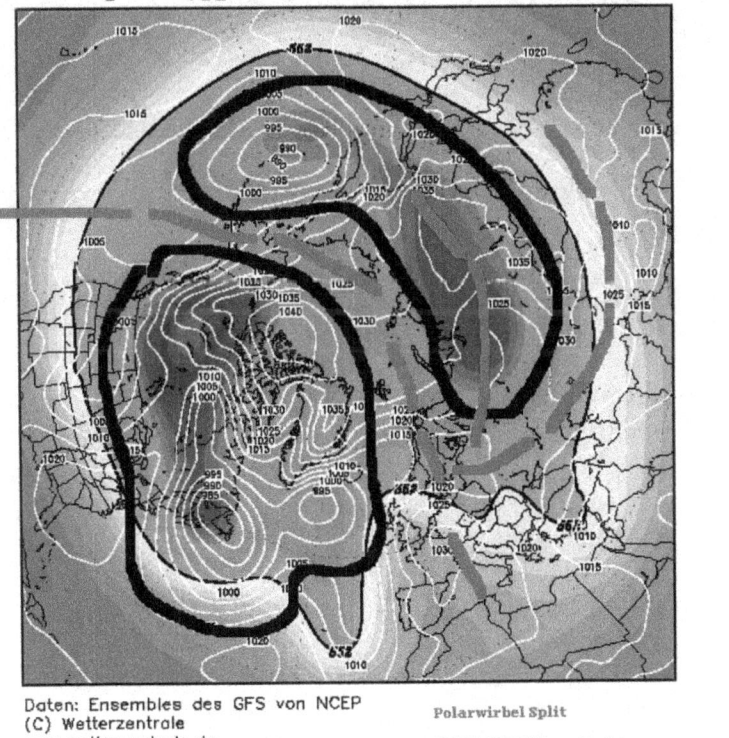

Die nächste seiner Abbildungen zeigt ein so genanntes „Omega-Hoch" über Westeuropa, der Kopf des „Omega" zwischen Island und Norwegen am 15. Dezember 2009. An seiner Ostflanke konnte die Kaltluft von Nordosten einfließen (-55° C in 300 hPa).

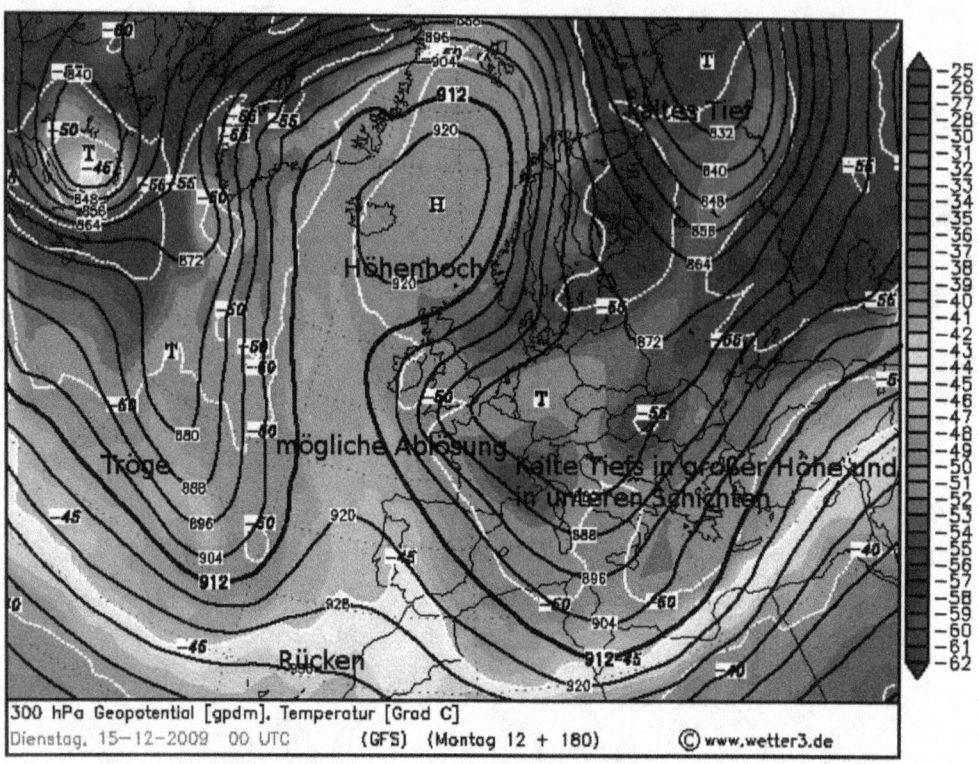

Solche „Omega-Lagen" dominierten seit dem 15. Dezember 2009 bis Dezember 2010 und vom 25. November 2010 bis 5. Januar 2011 (u.a. Uwe, Warren und Zölestin).

Nachvollziehen können Sie diese Wetterlagen in 500 hPa im Internet unter
http://www.wetter3.de/Archiv/

Kapitel 15: "Extreme Trockenheit in der Nahe-Region 1893"

So schrieb mein Freund Rainer Seil aus Hargesheim im Sonderdruck Heft 3/2009:

Auszug daraus und April-Extrem-Temperaturen in der Schweiz: Besonders trocken und heiß waren danach die Jahre bzw. Frühjahre:

1865 (Rang 2 der April-Monate in der Schweiz)
1892+93 (Rang 3 der April-Monate in der Schweiz)
1902
1911
1921
1933+34
1949+47 + 46 (Rang 4, 5 und 6 der April-Monate in der Schweiz)
1953
1959 + April 1961 (April 1961 = Rang 7 in der Schweiz)
1971/72
1976
1981-83
1989
1991
2003
2007+09 (April 2007 = Rang 1 in der Schweiz

Die Jahre sortiert nach HSN, um den ca. 5- und 10-Jahre-Takt zu markieren.
April 2009, siehe Kommentar meines Freundes Rudolf Heydenreich im Jahresrückblick für Traben-Trarbach:
"Einfach nur genial und grandios, zweitwärmster April seit 1985, viel Sonne, keinerlei winterliche Erscheinungen wie Schnee- bzw. Graupelschauer oder Nachtfrost.
Insgesamt fast schon ein frühsommerlicher Eindruck, rasante Entwicklung in der Natur, sehr wenige Regentage, Super-Freizeitwetter an Ostern. 16 Tage mit mehr als 20 Grad, 2 Sommertage über 25 Grad, insgesamt 4 Grad wärmer als im langjährigen Mittel. Dieser Monat belegt in der „Wohlfühl-Hitliste" sicherlich einen absoluten Spitzenplatz. Eine denkwürdige Rekordserie ging am 29. April zu Ende: Nach 235 Tagen gab es mal wieder ein Gewitter. Eine derart lange Phase ohne Blitz und Donner ist fast die Höchststrafe für einen Meteorologen. "

1893 nach voraus gegangenem trockenen Jahr 1892, erst strenge Kälte, dann extrem wenig Niederschlag, mit Futtermangel, 115 Tage lang Trockenheit.
Richtiger Kommentar von Rainer Seil: "Die Betrachtung zeigt, dass klimatische Extreme immer wieder vorkommen".

Die Jahre **1865 und 1893** waren ebenfalls Extremjahre in der Schweiz wie zuletzt im April 2007, als eine Hochdruckserie über Europa dominierte.
http://www.meteoschweiz.admin.ch/web/de/wetter/wetterereignisse/april_extremwaerme.html

http://www.meteoschweiz.admin.ch/web/de/wetter/wetterereignisse/april_extremwaerme.Par.0004.I
mage.gif

In Prag war der Sommer **1807** extrem heiß, heißer als der Sommer 2003, siehe Monatsmittel-Temperaturen der Klimareihe Prag in **www.wetterzentrale.de**

Kapitel 16: Bücher von HSN 1972, 1985 ff

Von einem Peter (Hubertus) Schulze-Neuhoff kam im Jahre **1972** das Büchlein im GOLDMANN-Verlag heraus, **Titel:** „Und die Meteorologen haben doch recht, Wetterkunde für jedermann". Schade, dass der Untertitel nicht der Haupttitel war. So war der Erfolg beim Verkauf für den Verlag zu bescheiden. Sie finden das Buch und die folgenden zwei Wetterbücher nur noch in Antiquitätenläden bzw. im Internet. Für Laien war es ein echt gutes Buch.

1985 brachte ich folgendes Buch heraus:

„Wetterkunde, die einschlägt wie ein Blitz, Das Wettergeschenkbuch für
 Laien, Fortgeschrittene, fortschrittlich Denkende, Schüler, Surfer …."

1986 folgte: "Das ungewöhnliche Wetterbuch für Laien" mit folgenden Themen:

Wetter-Verkehrs-Kanal mit stündlichen Wetteranalysen, Solar- Magnet-, Funk- und Biowetter" von Diplom-Meteorologe Hubertus Schulze-Neuhoff im Hagenberg-Verlag damals erschienen.
Darin machte ich mich damals für einen Wetter-Verkehrs-Kanal stark,
brachte Beispiele von Wetterlagen, … erklärte, wie eine Wetterkarte entsteht, brachte eine Wetterchronik und schöne Wolkenaufnahmen von Joachim Rörich

Es folgten weitere Wetterbücher und im Jahr **2005 ein Buch über Sehenswürdigkeiten meiner Heimat** an der Mosel und im Eggegebirge, Thema: "von Stein zu Stein, von Schanze zu Schanze, von Weinlage zu Weinlage", siehe

http://www.amazon.de/s?_encoding=UTF8&search-alias=books-de&field-author=Hubertus%20Schulze-Neuhoff

Kapitel 17: Was haben Schweinegrippe und Klimakatastrophe gemeinsam ?:

"Angebliche Experten befürchteten allein in Deutschland zigtausende Tote- tatsächlich starben rund 160 Menschen (an normaler Grippe sterben ca. 10 000).
Auch dürfen sich die tatsächlichen Experten nicht von dem sich noch schneller ausbreitendem Halbwissen selbst ernannter Fachleute in ihren Entscheidungen treiben lassen. Das schürt nur Panik".
Das waren die Zeilen im Trierischen Volksfreund-Kommentar von Bernd Wientjes.

Gleiches passiert bei der Klimadiskussion. Viele Experten lassen sich vom Halbwissen selbst ernannter Fachleute und Politiker treiben.
Die Panikmache ist als Druckmittel erwünscht. Weil die Menschen leider nicht ohne Druck reagieren. Ja, aber man darf daher nicht Tatsachen verschweigen, dass nämlich der Trend zu kalten Wintern schon lange da war und nun hat der Polarwinter 2009/10 zugeschlagen. Nicht wegen Kohlendioxyd, nicht wegen ... ist es kalt geworden, sondern weil der Polarwirbel sich spaltete. Zwei kräftige Hochdruckgebiete am 17. Dezember 2009 und im Januar 2010 blockierten ideal über dem Atlantik die Westdrift. Die Polarluft drang auf der Ostflanke der Hochdruckgebiete weit nach Süden über England, Deutschland und Spanien vor.

So etwas war schon längst überfällig und an der arktischen Oszillation schon vor Jahren erkennbar. Daher brachte ich in **2005 mein Buch: "Ski und Rodel gut, ab sofort wieder öfters"** heraus. Ich muss dies hier nochmals betonen, bevor sich die "Besserwisser" neue Theorien ausdenken, weshalb trotz angeblicher Klimakatastrophe so ein Winter auftrat (wie früher mehrmals).
Das ist mein Kommentar zur Schweinegrippe, Klima-Panikmache und zur AO = arctic oscillation:
http://www.cpc.ncep.noaa.gov/products/precip/CWlink/daily_ao_index/month_ao_index.shtml

http://www.cpc.ncep.noaa.gov/products/precip/CWlink/daily_ao_index/ao_index.html

AO-Werte 1977 - 88 überwiegend negativ, 1989-2000 überwiegend positiv, 2001 ff beginnende negative Phase.

Hier die negativen AO-Werte < -1.0 und positiven AO-Werte > +1.0 in der positiven Phase:

Die Negativ-Dekade:

1977: Jan. -3.7 (alter Rekord) und Feb -2.0.
1978: Feb. -3.0
1979: Jan. -2.2
1980: Jan. - 2.1
1981: Dez. -1.2
1983: Feb. - 1.8
1984: Mrz. - 2.4
1985: Jan. -2.8 und Feb. -1.4
1985/86: Nov. -1.2, Dez. - 1.9 und Feb. -2.9
1987: Jan. - 1.1 und Feb. -1.5 und Mrz. - -1.7
1988: Feb. - 1.1

Die Positiv-Dekade mit Ausnahme 1995/96:

1989: Jan. + 3.1 Feb. + 3.3
1990: Feb. +3.4
1993: Jan. + 3.5
1995/96: Dez. -2.1 und Jan. - 1.2 und Dez. - 1.7
1999/00: Dez. + 1.0 und Jan. + 1.3

Dekade mit Trend zu dem aktuellen negativen AO-Extrem,
Ausnahme 2006/07

2000/01: Nov. -1.6 und Dez. -2.3
2001: Dez. - 1.3
2002: Nov. - 1.4 und Dez. -1.6
2004: Jan. - 1.7 und Feb. -1.5
2005: Feb. -1.3 Mrz. - 1.3
2005/06: Dez. - 2.1 und Mrz. - 1.6
2006/07: Dez. + 2.3 und Jan. + 2.0, der Ausnahme-Winter
2009: Juni - 1.35, Oktober -1.5, Dezember - 3.4
2010: Januar -2,6, **Februar -4,3** (der neue Rekord nach 33 Jahren)

Quelle der Daten:
http://www.cpc.ncep.noaa.gov/products/precip/CWlink/daily_ao_index/monthly.ao.index.b50.current.ascii.table

Kapitel 18: Kältewellen auf der Erde durch Sonnen- und + Planetenbahn um das Barycenter ?

siehe dazu die Abbildung in:

http://www.landscheidt.info/images/sunssbam1620to2180gs.jpg
aus http://www.landscheidt.info/

Die Abbildungen von Carl Smith, nach Paul Jose (1965) und Dr. Theodor Landscheidt (2007), zeigen schön: Das Maunder-Minimum (Doppelminimum) und die „angular momentum" -Störungen im SC = Solar Cycle 5+7 und 20 und 24

http://landscheidt.auditblogs.com/2007/05/22/dr-theodor-landscheidt-solar-cycle-research/

http://landscheidt.auditblogs.com/2008/11/06/are-neptune-and-uranus-the-major-players-in-solar-grand-minima/

http://www.landscheidt.info/images/ultimate_graph2.jpg

http://www.warwickhughes.com/blog/?p=224

Kapitel 19: Nord-Süd-Umkippung der Meridionalströmung in den Alpen

von Haimo Hochgruber, Bozen:

Im Alpenraum und über dem südlichen Mitteleuopa gibt es oft das Phänomen der Nord-Süd-Umkippung der Strömung (vor allem auch in 500 hPa) zu beobachten.

Besonders im Winterhalbjahr, von Oktober bis April kommt dieses Phänomen öfters vor:

Dazu Beispiele vom Winter 2008/2009:
Ende November 2008 gab es eine solche Witterungsphase mit einer Nord-Süd-Umkippung. Am 21. u. 22. November gab es im Alpenraum eine markante Nordwetterlage mit Polarlufteinbruch aus nördlicher Richtung und damit verbundenen Schneefällen, Schwerpunkt **Alpennordseite**. Vor der europäischen Atlantikküste ein Blockhoch. Durch West-Pulsation dieses Hochdruckgebietes kam es im Alpenraum ab dem 24.11. zu einer südlichen Anströmung in den Alpen. Durch aus Norden über die europäischen Westküste nach Süden strömende Kaltluft wurde eine Tiefdruckentwicklung über dem südwestlichen Europa und dem westlichen Mittelmeer ausgelöst. Im Zeitraum vom 28. November bis 2. Dezember kam es zu Rekordschneefällen an der **Alpensüdseite**.
Um den 6.-7. Dezember gab es dann bei einer nördlichen Strömung Schneefälle über der **Alpennordseite**, ehe sich dann nochmals ein Polarluftvorstoß weiter westlich über die europäische Westküste zum Mittelmeer abzeichnete. Eine neuerliche Tiefdruckentwicklung über dem westlichen Mittelmeer und neue Rekordschneefällen an der **Alpensüdseite** im Zeitraum vom 10. bis 17. Dezember waren die Folge.
Nach einer Nordost- bis Ostlage mit Kaltluftzufuhr Ende Januar 2009 zur **Alpennordseite** setzte sich vom 1. bis 8. Februar über dem Alpenraum wieder eine **südliche Strömung** durch. Vom 9. Februar bis zum Monatsende kam es dann zu einer **Süd-Nord-Umkippung**. Nördliche Strömungen brachten dann an der Alpennordseite dem restlichen Monat Februar reichlich Schnee. Auch aus orographischen Gründen gibt es im Alpenraum oft eine Nord-Süd Umkippung bzw. die entgegen gesetzte Süd-Nord Umkippung.

Ein paar besonders markante Witterungssituationen mit umkippenden Nord-Süd-Strömungen im Alpenraum u. dem südlichen Mitteleuropa sind hier nachfolgend aufgelistet: Die Wetterlagen finden Sie im Archiv von www.wetter3.de oder in www.wetterzentrale.de.

Januar/Februar 1986
Nach Nordwestlagen und viel Schnee an der Alpennordseite bis etwa 26. Januar 1986 mit kalter auf Nordost drehender Strömung gelangte um den 27. Januar Polarluft über die europäische Westküste Richtung iberische Halbinsel. Es bildete sich ein starker Tiefdruck-Komplex über Südwest-Europa und dem westlichen Mittelmeer, mit starker **südlicher Anströmung** im Alpenraum.
Vom 28. Januar bis zum 3. Februar fielen daher an der Alpensüdseite bis zu 300 cm Schnee im Gebirge und in mittleren Lagen um die 150 bis 180 cm. Ab dem 4. Februar kippte dann die Strömung im Alpenraum auf nördliche Richtung um und an der **Alpennordseite** wurden ergiebige Schneefälle verzeichnet.

Ende November/Anfang Dezember 1990
Nach ersten Schneefällen an beiden Alpenseiten um den 25. November 1990, folgte eine kalte nördliche Strömung mit weiteren Schneefällen an der **Alpennordseite**. Über der europäischen Westküste lag ein kräftiges Blockhoch, das sich dann um den 6. Dezember zum Nordatlantik

verlagerte, mit Hochkeil bis Island. Durch diese Westpulsation des Blockhochs kam es über der europäischen Westküste zu einem Kaltlufteinbruch zum westlichen Mittelmeer. Eine starke zu den Alpen gerichtete **Südströmung** war die Folge. Am 8. und 9. Dezember gab es Rekordschneefälle an der Alpensüdseite (Südtirol, Osttirol und Kärnten, u. a. in Lienz) innerhalb von 24 Stunden über 1 m Neuschnee.

Dies steht in Verbindung mit der Westpulsation von Blockhochs=Höhenhochkeilen="Wellenbergen" (und der Trogachse="Wellental" jeweils östlich davon) um oder nördlich des 50. Breitengrades.

Es gibt dieses Phänomen auch in der warmen Jahreszeit, wenn eine Trogachse über Mitteleuropa nach Westen schwenkt. Dann wird der Weg für einen warmen Hochdruckrücken von Nordafrika in Richtung Nordost frei. Dieser transportiert dann an seiner Flanke suptropische Warmluft nach Mitteleuropa. Ende Mai 2008 gab es ein schönes Beispiel dazu.

Kapitel 20: Weitere Aktivitäten von H S N außer Klimaforschung

20.1 Zwölf Schanzentouren ab 1999

20.2 Mosel-Panoramen-Ausstellungen 2006

20.3 Kultplatz Opferstein-Forschung im Egge-Gebirge ab Juli 2006

20.4 Quellenfreunde und Barfußtage in Traben-Trarbach ab 2006

20.5 Traumhafte Himmelspforte nahe der Grevenburg ab 2009

20.6 Kulturdenkmäler der Region Trier ab 2000

20.7 Mitarbeit beim Offenen Kanal Wittlich ab 1995

20.8 Wetter, Klima und Natur im Kreisjahrbuch ab 1994

20.9 Zwei neue Bücher im Jahre 2005 und 2006

Das, liebe Leser, war mein Beitrag über vergangenes Klima der letzten Millionen Jahre. Es herrschte ständiger Wechsel zwischen Warm- und Kaltphasen, zwischen negativer und positiver NAO / AO. Ende November 2010 dominierte wiederum negative NAO mit zwei kräftigen Hochdruckgebieten im Norden Europas und des Nordatlantik (erster Wintereinbruch des Winters 2010/11).
Im Monat September 2010 hatten wir 15 von 16 Monaten negative NAO = Nordatlantik-Oszillation erlebt, seit Juni 2009.

Zum Abschluss noch zu meinen Aktivitäten seit 1999 im Raum Traben-Trarbach und in meiner alten Heimat, der EGGE = südlicher Teutoburger Wald. Nicht hier im Kapitel aufgeführt sind meine sportlichen Aktivitäten neben Wandern: Tischtennis und Fußball. Noch erwähnt seien hier meine Berichte (ca. 100 bis 150) in der hiesigen Presse:

- Mosel-HAmtsblatt für Traben-Trarbach)
- Trierischer Volksfreund (TV)
- Wochenspiegel der Kreisregion

Kapitel 20.1: Die zwölf Schanzentouren

Im Jahre 1998 begann „alles", als ich **die erste** von zig Schanzen, von Franzosen und Preußen 1792-96 gebaute Erdwälle, fand. Mit interessierten Helfern machte ich diese begehbar und beschilderte sie. Daraus entstanden 12 „Schanzen-Touren" zwischen Bernkastel-Kues (BKS) und Traben-Trarbach (TT), dann bei Grenderich und in der EGGE:

Termin	Strecke	Teil-nehmer	Bemerkungen
1. 29.04.**2000**	Von TT zu den Hödeshof-Schanzen	68	u.a. mit Landrätin Beate Läsch-Weber, Verbandsbürgermeister Karl-Heinz Simon und Biker waren dabei
2. 05.05.**2001**	von BKS zur Graacher Schanze - TT	82	Verbandsbürgermeister Ulf Hangert startete die Teilnehmer, u.a. die Wandergruppe aus Kleinenberg
3. 03.05.**2002**	von TT aus	103	15 Läufer 25 Gottesdienst-Teilnehmer und 63 Schanzentour-Teilnehmer (insgesamt 103 Teilnehmer)
4. 29.05.**2003**	von TT über Kindel	135	u.a. Teilnahme des Alpenvereins Sektion Bad Kreuznach mit 15 Teilnehmern und ca. 30 SUCELLUS-Freunden aus Kindel
5. 08.05.**2004**	von TT über Kindel	45	im Rahmen der "Frühjahrstagung des Eifelvereins"
6. 28.08.**2004**	von Wolf aus	50	Bürgerverein Wolf als Ausrichter (sie entstand aus Eigeninitiative des Wolfer Bürgervereins. Herzlichen Dank für die Neubelebung (nachdem bei TTA der **Schanzen-Elan** nachließ)
7. 05.06.**2005**	von BKS - Graach - BKS	65	über den neu beschilderten Weg von Graach zum Schützenhaus
8. 17.06.**2006**	von Longkamp nach BKS – Ürziger Würzgarten - TT	20	von Traben-Trarbach mit Klein-Bus zu den neuen Longkamper Schanzen (zu Fuß bergab durch die Bernkasteler Schweiz (über Bresgens Ruh und Goldenes Kreuz zum Panorama-Blick und Grillstation Kaiserstuhl), mit Schiff nach Ürzig
9. 22.06.**2007**	In meiner Heimat Kleinenberg bei Paderborn zur Karlsschanze	18	Beiprogramm 300-jährige Feier von vier Grenzsteinen (u.a. einer "Stein-Oma") und Wisentgehege
10. 21.06.**2008**	Jubiläums-Schanzen-Tour	20	von Longkamp L1 - Wildstein - Kogge - Nalla - Kröv
11. **2008**	GRENDERICH I	15	Enkircher Wandergruppe von GRENDERICH nach MERL
12. **2009**	Grenderich II	20	mit Enkircher Wandergruppe, Karl-Heinz Sülflow

Inzwischen ist eine weitere Schanze im Kirschwald zwischen Traben-Trarbach und Irmenach freigelegt und als Kulturdenkmal der Region Trier im Internet, dank Hans-Peter Valerius und Prof. Helge Rieder, zu finden.

Es ist die KIRSCHWALD-SCHANZE II nahe dem Hödeshof

Mehr über die zwölf Schanzentouren finden Sie in:

http://www.wikiservice.at/demo/wiki.cgi?Wandern
http://www.wikiservice.at/demo/wiki.cgi?Wandern__II
http://www.roscheiderhof.de/kulturdb/client/index.php
http://www.wikiservice.at/demo/wiki.cgi?Sehenswertes__I
http://www.wikiservice.at/demo/wiki.cgi?Sehensw%FCrdigkeitenII

oder gebt einfach „Schanzentour Schulze-Neuhoff" in GOOGLE ein,
dann kommt Ihr als erstes auch auf mein Buch: „Von Stein zu Stein, von Schanze zu Schanze, von Weinberg zu Weinberg", BoD – Verlag.

http://www.wikiservice.at/demo/wiki.cgi?action=browse&id=Sehenswertes__I&oldid=Sehensw%fcrdigkeiten#4MoselPanoramenbis2März2007ffinSchlangen

Außer den oben aufgeführten Schanzentouren führte ich Interessierte zu Panoramaplätzen, ins Thermalgebiet „Trarbacher Schweiz" und bisher zweimal zu den Sonnenuhren von Wehlen.

Kapitel 20.2: Mosel-Panoramen-Ausstellungen 2006 und 2007
Wettermeldeforum

Mosel-Panoramen-Ausstellungen 2006 und 2007:

Im März 2006 organisierte ich die erste von sechs Mosel-Panorama-Ausstellungen. Dank an die verantwortlichen Damen und Herren in Neumagen-Dhron, Bernkastel-Kues, Traben-Trarbach, Zell, Schlangen und Lichtenau bei Paderborn.

Termine	Termin 1	Termin 2	Termin 3	Termin 4	Termin 5
Datum	20. März 2006	03. April 2006	02. Juni 2006	22. Sept. 2006	21. Januar 2007
Länge	14 Tage	14 Tage	14 Tage	4 Wochen	2 Monate
Ort	Bernkastel-Kues	Zell	Traben-Trarbach	Neumagen-Dhron	Schlangen bei Bad Lippspringe
Raum	Kreissparkasse	Kreissparkasse	Moselschlösschen	Rathaus	Volksbank VR

Hier der Bericht über die Ausstellung in Schlangen:

http://www.wikiservice.at/demo/wiki.cgi?action=browse&id=Sehenswertes__I&oldid=Sehensw%fcrdigkeiten#4MoselPanoramenbis2März2007ffinSchlangen

Es folgte als 6. Ausstellung im Februar 2008 die Ausstellung in Lichtenau bei Paderborn:

http://www.lichtenau.de/medien/anhaenge/k1_m1393.pdf?administration=e5a990

An dieser Stelle mein Dank an Christopher Arnoldi,(Arnoldi-Design) aus Veldenz für seine Panoramabilder (Herbst 2003) und an Gerd Becker aus Enkirch für die Panoramabilder von der „Himmelspforte" (Herbst 2009 und Winter Dezember 2010).

Wettermeldeforum:

Seit 2004 bis zum 11.1.11, meinem 66. Geburtstag, habe ich insgesamt 6.358 Wetter- und Klimabeiträge in www.awekas.at abgesetzt. Das sind pro Tag 5.74 Beiträge.

Kapitel 20.3: Kultplatz Opferstein-Forschung im Egge-Gebirge

Im Juli 2006 begannen durch Dr. Gert Meier aus Köln die Entdeckungstouren an den zwei Uralt-Kultplätzen in der Egge bei Paderborn, im **südlichen Teutoburger Wald.**
In einer Ausstellung in Lichtenau (durch meinen Freund Heinrich Hillebrand organisiert und finanziert) wurden Teilergebnisse der Öffentlichkeit vorgestellt. Eine Veröffentlichung erfolgte ferner durch den Forschungskreis Externsteine e.V., Autor Dr. Gert Meier: **„Das Kleinenberg-System-Frühgeschichtliche Funde im Stammesgebiet der Marser"**, 2. Auflage 2009
zu beziehen beim Forschungskreis in 32805 Horn-Bad Meinberg, Postfach 1155,
siehe dazu in der Veröffentlichung die Seiten 45 bis 74 und mein Protokoll dazu:

Von Schanzen (1794) & Menhiren der Mittelmosel zu Steinfunden zwischen Lichtenau, Kleinenberg, Hardehausen und Willebadessen.

Bisher unveröffentlichtes Protokoll über meine/unsere Forschung mit vielen **„sensationellen"** Funden, unter anderem am 28.06.2006, 12.07.2006 und 10.08.2008 **von Hubertus Schulze-Neuhoff** (gekürzte Fassung)

Anschrift des Verfassers:
Alte Heimat: Kleinenberg bei Paderborn im EGGEGEBIRGE, Bruchstrasse 15
Neue Heimat: 56843 Starkenburg (Verbandsgemeinde Traben-Trarbach) Gartenstraße 8
        Tel.: 06541 / 814558, Email: HSN-wetter@web.de
        Homepage: www.wikiwetter.de (Ordner Sehenswertes & Wandern, wird nicht mehr aktualisiert)

Meine Vita:
Im Jahre 1979 wurde ich als Diplom-Meteorologe dienstlich nach Traben-Trarbach (TT) an die Mosel versetzt. Bei meinem Hobby, der Archäologie, bin ich Wege in den Wäldern gegangen, welche die Allgemeinheit nicht geht. Nur so stößt man auf alte Relikte der Vergangenheit. So fand ich auf den Höhen über der Moselwein-Region von Traben-Trarbach im Jahre 1999 die „Schwedenschanze", mein erstes Forschungsobjekt. 12 Schanzentouren führte ich durch (ab 2000 bis 2009, siehe oben.

Inzwischen hatte ich mich auch für Menhire (= http://de.wikipedia.org/wiki/Menhir) an der Mittelmosel interessiert, und in Enkirch (federführend Frank Schütz) entdeckten wir Steinreihen, deren Bedeutung noch nicht feststeht.

Mein Vater war Forstamtmann in Bonenburg (1947-1965) und Kleinenberg (1965 ff (Tod in 1987).

Ausgangspunkt meiner / unserer „Forschung" in meiner alten Heimat war ein Gespräch im Hotel ENGEMANN im **Frühjahr 2006** mit Harald Temme aus Kleinenberg. Ich erzählte ihm von meinem Buch „ Von Stein zu Stein, von Schanze zu Schanze" im Verlag von www.bod.de „Wir haben auch einen Menhir in Kleinenberg", war seine Antwort. So fand ich die „Bülheim'sche Großmutter" mit dem eingravierten Jahr 1707, dank der Hilfe von Peter Bruckmann.

Gedächtnis-Protokolle, Auszüge

12. Juli 2006: Herr Dr. Gert Meier aus Köln, damals noch Vorsitzender des Forschungskreises Externsteine e.V. Horn-Bad Meinberg, ging mit mir erstmals zum **Großmutter-Menhir.** An diesem Tag zeigte ich Herrn Dr. Meier auch den **Kultplatz „OPFERSTEIN"** an den Klippen nach Hardehausen hin. Dr. Meier (und später Herr Stefan Hövel, ebenfalls vom Forschungskreis Externsteine) fanden Relikte aus alter Zeit, die bis dahin noch unbekannt waren.

Dr. Meier entdeckte dort u.a. den Löwen, den Dolmen, den Mörserstein und anderes. Ich erfuhr von den Einheimischen, Ortsheimatpfleger Hans-Günter Borgmeier, Alois Weise, Ferdi Bunte, Wolfgang Temme, Bernhard Hagelüken, Heinz & Ursula Dickgreber Unterstützung. Ich erfuhr vom „Opa- und Enkel-Menhir" und ca. 60 Grenzsteinen des früheren „Hardehauser Landes" (Entdecker Horst Brauckmann).

22.-23. Juni 2007: Karlsschanzen-Tour und (durch meine Anregung) **„300-Jahr-Grenzstein-Veranstaltung":** Letztere wurde im Alleingang von Landvolkshochschule, Forstamt, Stiftung Kleinenberg und Horst Braukmann ausgerichtet. Ich stiftete Moselwein zur Feier. Weitere Exkursionen folgten, siehe Protokolle von Dr. Meier. Mit dabei u.a. Stefan Hövel (Köln), Elke Moll (Rheingau), Jürgen Mische (Detmold), Andreas Michels (Warburg), Heribert Meiners (Stadtheimatpfleger Willebadessen), Ortsheimatpfleger Willi Sasse (Willebadessen) und Heinrich Karl Hillebrand (Lichtenau).

Willi Sasse zeigte uns die Teufelssteine, nach Hinweis von Baron von Wrede. Diese drei Steine sind inzwischen vermessen und vom Moos gereinigt (durch Franz-Josef Viech & Lothar Tischer und mich). Außerdem fanden wir u.a. Sitz- & Tiersteine und Einkerbungen (Markierungen) sowohl am Kultplatz Klippen Hardehausen als auch nahe der Gertrudenkammer / Fauler Jäger / Karlsschanze. Es folgten drei Höhepunkte unserer Erkundungstouren in den „Tempel der Ahnen", Ausdruck und Buchtitel von Johannes Groht.

28. April 2008 Exkursion mit Heinrich-Karl Hillebrand, Herbert Meiners, Willi Sasse, Johannes Füller (Willebadessen) und Hubertus Schulze-Neuhoff (HSN).

28. Juni 2008: Auf Empfehlung von Dr. Meier und Einladung durch HSN gingen der langjährige Schalenstein-Forscher Walter Knaus aus dem Elsaß und Hildegard Nack aus Ostwestfalen auf Forschungstour zur Karlsschanze (= ehemalige BEHMBURG) –Gertrudenstein/Drudenhöhle (Opferstein) - „Fauler Jäger". Frau Nack fand den ersten von inzwischen sechs „Schlangensteinen" „Himmelsstein" heißt er nach dem langjährigen Megalith-Forscher Dr. Andis Kaulins aus Traben-Trarbach.

14. Juli 2008 Walter Knaus mailte mir:*„Deine tatkräftige Mithilfe möchte ich hier nochmals in aller Form verdanken, ich wüsste sonst nicht einmal, wo Kleinenberg liegt und dass es dort Steine gibt: Grenzsteine, Opferstein, Menhire, Schalensteine, ein ganzes Revier und es war sicher eine wichtige Kultgegend".*

10. August 2008: In Beisein von Rechtsanwalt Jürgen Mische und Frau Prof. Dr. Renate Genth fanden wir den „HUBERTUSSTEIN" (= Schlangenstein Nr. 2).

20. August 2008: Anfrage von HSN an Jürgen Mische, ob wir die „Funde des Jahrtausends" offiziell melden müssen?

Jürgen Mische, Sohn Harald, Hildegard Nack und Chefarchäologe für Westfalen-Lippe (Dienstsitz Bielefeld), Herr Dr. *Daniel Bérenger gingen daraufhin* zum "Hildegard- &"Hubertus-Stein".

25. September 2008: An diesem Tag führte ich Heribert Meiners, Willi Sasse und Wanderführer Lothar Tischer zum „Hubertusstein". Letzterer entdeckte den „Vier-Gesichter- = Löwenstein" nach Andis Kaulins

18. Oktober 2008: Andis Kaulins & Martha Walker, Dr. Gert Meier & Ex-Frau Ingrid und HSN trafen sich anlässlich Forschungsauswertungen bei Moselwein in Traben-Trarbach. Andis Kaulins hat auf seiner Reise nach Skandinavien 1977 die Felszeichnungen von Tanum erstmals gesehen. Es war sein Anfang langjähriger Forschungsjagd nach Deutung von Felszeichnungen, Höhlenmalereien, Megalithen und megalithischen Kulturen.

19. November 2008: Ich erhielt die Expertise von Andis Kaulins über die drei „Himmelssteine von Willebadessen" Auch Forschungskreismitglied Gisela Zimmermann erfuhr von unseren drei Funden seit 28. Juni 2008.

Anfang Dezember 2008: Dr. Gert Meier, Elke Moll und Jürgen Mische bereiten für den

24. Mai 2009 die Obermarsberg-Kleinenberg-Tour vor und HSN wird gebeten, die Nachmittags-Führung in Kleinenberg zu übernehmen.

2. März 2009: Dr. Gert Meier schreibt folgendes Protokoll (Kurzfassung):

„Welch ein historisch unterschätztes Gebiet, das der Marser. Und welch glorreiche Vergangenheit muss diese Gegend gehabt haben. .An der Spitze der Feinde Roms standen die Marser. Wir suchen den Hain der Tanfana, der laut „Tacitus" im Gebiet der Marser lag. Die wunderschöne Gegend zwischen Lichtenau und Willebadessen hat sich bisher unter Wert verkauft! ....

26. Mrz. 2009: Heinrich Karl Hillebrand feierte in der Lichtenauer Begegnungsstätte: „Alte Volksschule" seinen 70. Geburtstag.

27. Mrz. 2009: Teufelsteine-Einweihung (Organisation Willi Sasse, Franz-Josef Fiech).

15. Apr. 2009: Gipfeltreffen der Heimatpfleger bei Heribert Meiners, u.a. mit Hans-Günter Borgmeier aus Kleinenberg.

04. Okt. 2009: Dr. Gert Meier gab an diesem Tag 21 Textseiten zu den Funden rund um Kleinenberg heraus.

21.Okt. 2009: Pressegespräch in Kleinenberg.

09. u. 10. Dez. 2009: Exkursionen zu den Opfersteinen von Kleinenberg-Hardehausen und Willebadessen.

März 2010: Präsentation der Fundobjekte in Lichtenau durch Organisator Heinrich Karl Hillebrand und Vortragenden Dr. Gert Meier aus Köln.

Herbstanfang 2010, Dr. Gert Meier mit Ergänzung zur Forschungskreis Externsteine Veröffentlichung „Kleinenberg System", hier „Frühgeschichtliche Funde im Stammesgebiet der Marser" (Auszug):

„Hubertus Schulze-Neuhoff entdeckte am Mickenpad rätselhafte Felsreste. Auch die Teilnehmer an der Jahrestagung 2010 des Forschungskreises Externsteine, die den Mickenpad und den Opferplatz am 14. Mai besuchten, fanden keine Erklärung. In der Zwischenzeit hat HSN, im Beisein von Heinrich Hillebrand am Opferplatz weitere bedeutsame Funde gemacht. Diese Funde wurden fotografiert und von Stefan Hövel und Dr. Gert Meier bearbeitet. Die Bilder zeigen die „Wand der Köpfe", einen anderen Schlangenstein und eine aus dem Stein gemeißelte Skulptur. Dieser Fund dürfte eine wissenschaftliche Sensation sein. Der Stein ist im Gelände abgerutscht".

Oktober 2010: 17. Exkursion zu den Hardehauser Klippen (7 zu den Sehenswürdigkeiten in Willebadessen und 10 zu denen von Kleinenberg-Hardehausen.

Teilnehmer: Jürgen Mische, Achim Lüke (Willebadessen) und HSN, Abschlussbesprechung mit Heinrich Hillebrand, Rainer Sander (Lichtenau) und Petra Baumgart-Lüke

November 2010: Kontaktaufnahme mit Michael Blaschke, freier Mitarbeiter für das WDR, Studio Bielefeld betreffend Fernseh-Aufnahmen der gefundenen Objekte.

10. Dezember 2010: **Forschungskreis Externsteine e.V. Rückschau 2010** ist mit folgendem Text auf den Seiten 66 bis 74 erschienen:

„Die Himmelsteine und Teufelsteine an den 7 Quellen des Hellebachs bei Willebadessen, Autor Stefan Hövel. Hier der Auszug:
„ *Wie fing die ganze Geschichte mit den Himmels- und Teufelssteinen an ?.*
Hildegard, Hubertus und Lothar hießen die stolzen Entdecker. Die Forschungsgruppe ist stolz auf Hildegard Nack, Hubertus Schulze-Neuhoff und Lothar Tischer. Entdeckungen von Mitgliedern der Forschungsgruppe sind immer Entdeckungen der Forschungsgruppe. …. Wegen der Deutung der Himmelssteine bemühte HSN den Traben-Trarbacher Archäo-Astronomen Andis Kaulins….. "
Nachfolgende Abbildung zeigt den „Löwen-/Schwan-Stein". Erkennen Sie die zwei Figuren?
(am Stein oben rechts: Der Löwe blickt zur linken Seite, der Schwan nach rechts unten.)

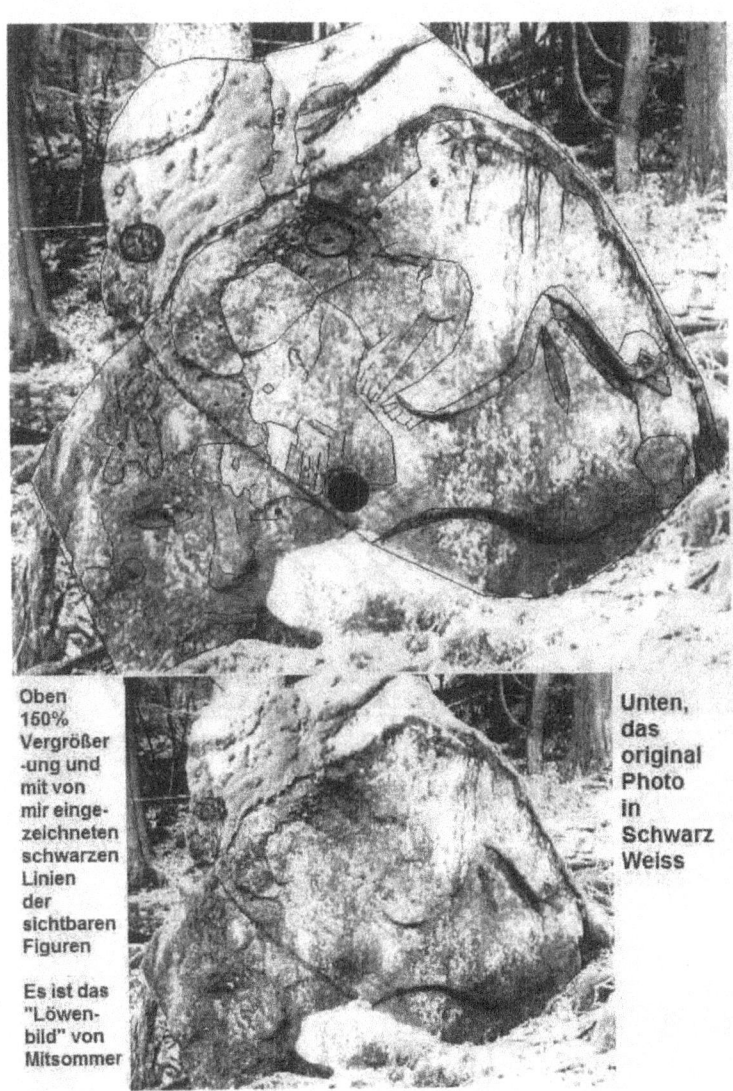

Oben 150% Vergrößer-ung und mit von mir einge-zeichneten schwarzen Linien der sichtbaren Figuren

Es ist das "Löwen-bild" von Mitsommer

Unten, das original Photo in Schwarz Weiss

28. Dezember 2010:	Treffen mit dem WDR-Redakteur Michael Blaschke im Studio Bielefeld. Dort trafen sich Hubertus-Schulze-Neuhoff, Sohn Jörg und Heinrich Hillebrand. E kam am 2. März 2011 zu 5-stündigen Fernseh-Aufnahmen am **Kultplatz „Opferstein"** zwischen Kleinenberg und Hardehausen und am 4. März 2011 in der Sendung „Lokalzeit" des WDR Bielefeld zur Ausstrahlung.
März 2011:	In Absprache mit dem TTA-Vorsitzenden Dr. Helmut Pönnighaus ist der Panorama-Blick **„Himmelspforte"** (siehe Foto) an den Jakobsweg (= Mosel-Camino) angebunden und seitens der Stadt Traben-Trarbach freigegeben worden. Betreffs **Kurpark** fand eine Ortsbegehung auf Initiative von Touristik-Leiter Matthias Holzmann und den Quellenfreunden Traben-Trarbach im Bereich der Moseltherme statt. Lösungen taten sich auf. Die **Wanderwege** rund um Traben-Trarbach werden auf Initiative der Touristik-Information per GPS erfasst, siehe Beispiel dazu www.traben-trarbach.de, Stichwort „Mosel-Navigator".

Kapitel 20.4: Quellenfreunde und Barfußtage in Traben-Trarbach

Im August 2006 gründete ich den Kreis der Quellenfreunde. Wir, mein leider viel zu früh verstorbener Freund Michael Martinek und die anderen Quellenfreunde, brachten auf den Weg:

- **Thermal-Trinkwasser-Anlage** am Hochbehälter NALLA
- **Fuss-Thermalwasser-Becken** (drei Jahre später)
- **Fusspfad an der Naturquelle** nahe dem Hotel Kogge, wo aus dem Berg ockerfarbenes Thermalwasser in den Kautenbach fließt (Warmwasser um ca. 22 ° C trifft dort auf Kaltwasser von ca. 5 – 10 ° C, je nach Jahreszeit)
- **erste Barfußtage in Traben-Trarbach** am 04. und 11. September 2010

Mehr darüber findet Ihr im Archiv vom Trierischen Volksfreund (TV),
Stichwort: Quellenfreunde in www.volksfreund.de

Auszug zu den Barfußtagen, im TV von Redakteur Winfried Simon:

„Zieht aus, eure Schuh,...

Im August 2006 gründete sich in Traben-Trarbach der "Freundeskreis Quellenfreunde". Die 18 Männer und Frauen haben bereits einige bemerkenswerte Projekte realisiert, unter anderem ein Fußbade-Becken und eine Trinkwasser-Zapfstelle am Thermalstollen.
Das nächste Vorhaben ist eine Nummer größer: Die Quellenfreunde planen einen Barfußpfad. Zehn offizielle Barfußpfade gibt es in Rheinland-Pfalz - unter anderem in Thalfang und Saarburg. Der elfte, das wünschen sich die Quellenfreunde Traben-Trarbach, soll im Kautenbachtal neben der Moseltherme entstehen. Es wäre der erste an der Mosel. Solche Barfußpfade sind abwechslungsreiche Erlebnisstrecken mit unterschiedlichen Bodenbelägen wie gerundetes Kopfsteinpflaster, massierende Kieselsteine und Schlammstrecken, die zum Fühlen und Wohlfühlen einladen.
Hubertus Schulze-Neuhoff, auf dessen Initiative sich im August 2006 der Freundeskreis Quellenfreunde bildete, hat genaue Vorstellungen von dem Projekt - und er hat bereits bei der Stadt vorgefühlt, ob dies zu realisieren ist. Denn während das Fußbecken und die Thermalwasser-Zapfstelle mit Sponsorengeld finanziert wurden, wird die Stadt für den Barfußpfad wohl etwas in die Kasse greifen müssen.
Immerhin: Die Stadt hat den Quellenfreunden bereits zugesagt, ein gemeindeeigenes Grundstück mit Wiese und einem kleinen Waldstück, durch den ein Bach fließt, zur Verfügung zu stellen. Es befindet sich an der Wildbadstraße, etwa 100 Meter oberhalb der Moseltherme. Nach der Sommerpause, das hat der erste Stadtbeigeordnete Erwin Haussmann den Quellenfreunden versprochen, werde sich der Stadtrat mit der Idee befassen.

Eine grobe Planung können die Quellenfreunde bereits vorlegen. Schulze-Neuhoff hat seinen Freund, den Trierer Landschaftsarchitekten Ulrich Bielefeld, angesprochen, der für ein paar Flaschen Wein Honorar eine Skizze inklusive Grobkonzeption zu Papier brachte. Angedacht sind zwei Barfußwege - einer mit einer Länge von 500 Metern und ein zweiter von 1000 Metern. Die Wege führen über Wiesen, durch den Wald, durch einen Bach und über eine kleines Sumpfgelände. Als Bodenbeläge sind unter anderem Sand, Feinkies, Grobkies, Schieferplatten, Laub, Sägemehl, Grasschnitt und Rindenmulch vorgesehen ….."

Mehr über die Barfußtage in Traben-Trarbach findet Ihr in **www.hobby-barfuss.de**
Dort unter „Forum neu", „Kennenlern-Forum", „HSN-Aktivitäten vorher und nachher". Die Begrüßung und ein weiterer Kommentar waren folgende Zeilen:

„Hallo Hubertus,

herzlich willkommen im Forum der Barfußfreunde und herzlichen Glückwunsch zu Deinen erfolgreichen Barfußtagen in Traben-Trarbach!
Dazu gibt's ja sogar 'ne ganze Artikelserie im Trierischen Volksfreund, der Dein Projekt von den Anfängen über Widerstände bis zur Ankündigung und Vollzugsmeldung der ersten Barfußtage begleitet hat. Vielleicht bedauert es der Stadtrat jetzt, nicht als Unterstützer aufgetreten zu sein?. Den 3. September 2011 können wir ja schon mal im Kalender eintragen. …..Nun aber genug gelabert. Nochmals willkommen und herzliche Grüße aus Frankfurt   Charles"
„Hallo Hubertus,
das sind die Initiativen, die die Barfußakzeptanz in der Bevölkerung verbessern! In der Zeit, in der andere schwätzen, muss man handeln. Mach's gut und unbeschuht, Lorenz"

Und hier der Rückblick:

Die Barfußtage Nr. 1 und 2 am 4. und 11. September 2010 in Traben-Trarbach sind vorbei und wurden im Offenen Kanal Wittlich am 21.09.2010 gezeigt.

„Nach ca. 3 Jahren Vorbereitung war es soweit: 1. „Nacktfuß-Tag" in Trarbach am 04. Sept. 2010. Es begann alles mit einem Besuch in Bad Sobernheim, dem ORIGINAL.
„Da war ich so begeistert, dass ich mich fragte, warum so etwas nicht auch an der schönen Mosel mit schönem Nebental möglich wäre?. Ich begann etwas dafür zu tun und holte dafür den Landschaftsarchitekten Ulrich Bielefeld aus Trier/Überlingen nach Traben-Trarbach. Dieser fertigte Entwürfe für das Projekt an. Am Umwelttag im März 2010 zeigte ich Frau Dr. Antje Pfitzmann die „Himmelspforte" und das einzigartige Thermalgebiet Trarbach. Sie gab mir den Tipp, für den Barfußpfad einen zu verkaufenden Garten zu nutzen. Fünf Tage später war ich Besitzer des nahe dem Minigolfplatz liegenden Gartens von Frau Anneliese Holzapfel. Das Projekt Barfußpfad war als Privatinitiative gerettet. Dank an alle 56 Helfer und Spender. Leider verstarb mein treuer Freund und Helfer Michael Martinek am 13. September 2010, sodass der Pfad nicht perfekter wurde, aber sie werden spüren, dass der Pfad mit Herz angelegt ist. Mein Kollege Leo-Dieter Röhl malte das wunderbare Plakat mit den Sprechblasen darauf, u.a. „Durch die Wälder, durch die Auen, wandern wir mit unseren Klauen". Und daran denken: Jeder hat selbst Verantwortung für sich, das wird heute viel zu oft vergessen. Hier müsst ihr selbst mit aufpassen, wohin ihr tretet. Nicht jede Glasscherbe, Dorne oder Brennnessel oder sonstiges kann weggeräumt sein.
Ich habe mein Bestes gegeben und für den Fall der Fälle habe ich 15 Pflaster, eine Pinzette und Jod dabei. Ich hoffe aber, dass wir das nicht brauchen. Dank an den Minigolf-Vorstand und an alle anderen Helfer".

Das war die Rede von HSN. 21 Teilnehmer waren es am 04. September und eine Woche später 18 Wanderer. Am zweiten Tag waren außer den Einheimischen zwei Teilnehmer aus Duisburg, zwei aus Hamburg und ein „Barfuß-Führer" aus Köln, der im Internet darüber gelesen hatte. Dank „Omega-Hoch" HELMUT am 04. und Sonnenhoch IKER am 11. September herrschte an beiden Tagen gute Stimmung.

52 verschiedene Beläge notierte Frau Christa Gouverneur:
Teer, Holzbretter, Verbundsteine, Steinplatten, Wasser, Wiese, Moos, Blechplatte, Waldboden, Kautenbach-Wasser, Dachziegel, Laub aus der Ahringshöhle, Quarz-, Spielsand, morsches Altholz, Mulch, Weidenholz zum Festbinden der Reben, Stroh, Heu, Blumenerde, Holzpalette, Obstkerne, Zedernnadeln, Holzbalkenreste, Korken, zertrümmerte und abgestumpfte Sektflaschen, Tannenzapfen, Edelstahlplatten, Baumscheiben, Pappe, Moselschiefer, Kinder-Rutsche, Birkenrinde, Schuhsohlen, Glasbausteine, Flaschen auf dem Kopf im Sand, Sägemehl, Filterscheiben, Waldweg zum Hühnerberg aufwärts (teils belaubt und bemoost, „ohne Moos nichts los)", Wiesenweg, Schlammloch für „black Föß", Wiesenpfad mit Disteln und Klee, von Wildschweinen durchwühlte Erde, Kartoffelsäcke, Teer, Kies am Pavillon JUNGENWALD....

Dort und im Cafe „NALLA" wurden wir mit Kaffee, Kuchen und Sonstigem belohnt und unsere Füße zum Abschluss mit Thermalwasser am Hochbehälter NALLA verwöhnt.

Am Dienstag, 21. September 2010 lief der Film mit Kameramann Hans Wagner über diesen Barfußtag und über die Schwedische Kanone (auf der Grevenburg) im Offenen KANAL Wittlich (Schnitt: im Gänsberg-Studio in Wittlich bei Heribert Geiter).

Tobias Trossen aus Traben-Trarbach hat diesen Barfußfilm in fünf Teile von je ca. 10 Minuten-Länge eingeteilt und in`s Internet gesetzt. Siehe www.myvideo.com
Dort finden Sie den Beitrag als Video Nummer 18 bis 22 (Stand Dezember 2010)

Dezember 2010: Frau Barbara Herold, Erzieherin im Kindergarten Traben-Trarbach fragte mich, ob ich einen Barfußtag nur für die Erzieherinnen und Eltern der Kinder ins Leben rufen könnte. Natürlich habe ich zugesagt.

Januar 2011: Es tut sich was in Sachen Kurpark in Trarbach, mit dem neuen Tourismusleiter Matthias Holzmann. Im Jahre 1985 hatte Architekt Joseph Schmitz schon einmal einen Floragarten = „Garten des ewigen Frühlings" (gespeist mit warmem Thermalwasser) angeregt.

Kapitel 20.5: Traumhafte Himmelspforte nahe der Grevenburg

Es war am **Pfingstsamstag 2009** in der Früh um 06:02 saß ich im PKW auf der Suche nach der „Franzosentreppe". Einige Tage vorher hatte ich bei der Schilderaktion der „GREVENBURG-STIFTUNG" durch meinen Freund und Heimatforscher Wolfgang Wendhut erfahren, es müsse im Steilhang oberhalb der Burg eine alte Treppe geben, die die Franzosen benutzten, um von der Burg aus zu dem so genannten Franzosenlager ca. 200 m oberhalb zu gelangen. An dem Tag also, als die meisten Mitbürger noch schliefen, erlebte ich dort oben meinen ersten Sonnenaufgang und bleibende Begeisterung für die „Himmelspforte", den traumhaften Panorama-Blick auf Traben-Trarbach mit der Grevenburg im Vordergrund.

Es war ein einschneidender Tag. Meine Begeisterung und Aktivitäten dazu konnten unsere Bürgermeisterin, ihr Mann und bedauerlicherweise der Stadtrat nicht teilen. Ich hatte eine städtische Bank spontan und probeweise um 200 m versetzt und einen Pfad (auf altem Wildwechsel). Eingerichtet. Inzwischen habe ich trotz Verbot 136 begeisterte Menschen zu diesem Panoramaplatz „HIMMELSPFORTE" geführt (Stand Dezember 2010).
Günter Oberle hat den Platz spontan so genannt. Moselliebhaber Bernd Nitsche sandte mir eine Mail, die nun samt Foto von Gert Becker aus Enkirch mein Auto ziert, samt den anderen Panoramabildern von Christopher Arnoldi aus Veldenz. Übrigens war es keine Neuentdeckung, denn dasselbe Panoramabild gibt es als Gemälde (von Ernst Havenstein nach uralten Fotos, siehe nächste Seite). Dieser Maler wäre übrigens im Jahre 2011 stolze 100 Jahre alt geworden.
Die Franzosentreppe habe ich übrigens unzugänglich gemacht, weil sie im unteren Drittel des Steilhangs fehlt. In der Angelegenheit „Himmelspforte", Schanzentouren und Barfußpfad habe ich gemerkt, wer mir Freund ist und wer nicht. Auf Einzelheiten möchte ich hier nicht eingehen. Auf jeden Fall zog der Stadtrat seine Beteiligung bezüglich des Barfußtages ab August 2010 zurück. Mal schauen, ob die Mitglieder beim dritten Barfußtag im Frühsommer einsteigen ?. Die Beteiligung und Begeisterung für das Barfußlaufen (21 bzw. 18 Teilnehmer am 4. und 11. September 2010) macht Mut zu mehr. Dank sei hiermit denen gesagt, die mich unterstützten, auch der schreibenden Presse und dem Offenen Kanal Wittlich.

Im November 2010 machten Otto und Erika Schmidt vom Restaurant Litziger Lay (am herrlichen Moselufer in Traben gelegen), Günter Oberle und HSN den Vorschlag, ähnlich den Klettersteigen in Bremm und Zell einen Klettersteig von der Grevenburg in Trarbach zur „Himmelspforte" einzurichten. Dieser Klettersteig, falls er Wirklichkeit werden sollte, bekäme dann natürlich den Namen „Himmelsleiter" (beide Ausdrücke von meinem Freund Günter Oberle).

Am 6. Dezember empfahlen Günter Oberle und ich dem neuen Verkehrsamtsleiter Matthias Holzmann im Beisein von Frau Ingrid Ströher von der Touristinformation die Einrichtung der „Himmelsleiter" und erwähnten u.a., dass die Idee eines Kurparks zwischen Thermalbad und ehemalige „NALLA" durch die Herren Klaus Holzschneider und Klaus Bürkle ins Gespräch gebracht worden waren. Drei Tage später war im Trierischen Volksfreund bereits zu lesen, dass sich der neue Tourismuschef für die Einrichtung eines solchen Kurparks einsetzen will.

Die nächste Abbildung zeigt den Blick von der Himmelspforte auf den Stadtteil Traben (rechts), Trarbach (links mit dem Wahrzeichen der Stadt, der Ruine Grevenburg) und Koppelberg (Ortsteil Wolf).

Weitere Fotos im Internet unter
http://www.facebook.com/album.php?aid=16733&id=100824376656838

Dank an Eileen Dirnecker (Federweißerfee), Dr. Helmut Pönnighaus und Thomas Marx und Team (Blickfang-Werbung) für das Bild. Weitere Panoramabilder existieren seit 2003 von Traben-Trarbach und der schönen Umgebung (Moseltal und seine Nebentäler).
Dank an die Fotografen Christopher Arnoldi aus Veldenz und Gerd Becker aus Enkirch.

Kapitel 20.6: Zusammenarbeit mit den Verantwortlichen der Kulturdatenbank der Region Trier

Ab ca. 2000 bis aktuell gibt es zwischen Hans-Peter Valerius und Prof. Helge Rieder sehr gute Zusammenarbeit, was die Kulturdenkmäler betrifft. Hinzu kam ab 2009 noch Sven Schröter den ich zusammen mit Jürgen Möschel noch kenne, siehe www.netgis.de.

35 Beiträge habe ich zu den Kulturdenkmälern der Region Trier beisteuern dürfen (Stand Dezember 2010).

Die Graacher Schanze wurde „Kulturdenkmal des Monats" Mai 2004, siehe nachfolgende Quelle:

http://www.roscheiderhof.de/kulturdb/client/einObjekt.php?id=4793

Folgende Objekte rund um Traben-Trarbach wurden seit dem Jahr 2000 „Kulturdenkmäler des Monats":
- im April 2000 der Mont Royal
- im Mai 2004 die Graacher Schanzen
- im Dezember 2006 die Stummorgel in Starkenburg
- im September 2007 das Mittelmosel-Museum in Traben-Trarbach
- im Juli 2008 das ehemalige Badehaus in Bad Wildstein

Zuletzt meldete ich nach Trier die „Schwedenkanone", gegossen 1834 in FINSPONG und die Kirschwaldschanze II.

So, das sollte am Ende des Klimaforschungs-Buches noch zu den anderen Aktivitäten geschrieben sein. Auf dem Weg der Klimaforschung gehe ich den unabhängigen Weg, auch wenn er steinig ist. Die herrschende Lehrmeinung sieht zur Zeit **noch** anders aus.
Übrigens bekam ich am 21. Oktober 2010 von meinem Kollegen ein Buch ausgeliehen, aus dem Jahre **1977**, nach extrem kalten und schneereichem Winter in den USA, mit dem Titel: „Der Klimaschock, die nächste Eiszeit kommt". Damals glaubten die führenden Klimatologen und die CIA noch an die Eiszeit. Begründung: zu viel Staub durch Mensch und Vulkane in der Atmosphäre. **1986** kam dann der SPIEGEL mit dem Kölner Dom im Wasser auf den Markt (Nr. 33, 11. August), Thema „Klima-Katastrophe, Ozonloch, Polschmelze, Treibhauseffekt: Forscher warnen"

Ergänzung:
Titel: 42 Jahre Klimaforschung und andere Aktivitäten von Diplom-Meteorologe Hubertus Schulze-Neuhoff
http://www.welt.de/wissenschaft/umwelt/article5489379/Als-uns-vor-30-Jahren-eine-neue-Eiszeit-drohte.html
hier erfahren Sie / erfahrt Ihr fast alles über meine Aktivitäten, u.a. auch Wetter- und Wanderfotos/Videos in: www.awekas.at
www.panoramio.com
http://de.sevenload.com/mitglieder/HSN
http://de.sevenload.com/mitglieder/HSN/alle?page=1
http://www.panoramio.com/user/2014178

Kapitel 20.7: Mitarbeit beim Offenen Kanal Wittlich ab 1995

Im Kreisjahrbuch 2011 im Artikel „Fernsehen in Wittlich, 15 Jahre Offener Kanal Wittlich", Autor Gerhard Schruff, ist zu lesen:

„*Vergessen darf man nicht die vielen "Einzelkämpfer", die mit ihrer Kamera unterwegs waren und ihre Berichte und Filme über den Äther schickten. Erwähnt werden soll an dieser Stelle besonders Hubertus Schulze-Neuhoff aus Traben-Trarbach. Der Meteorologe begann damit Wetterprognosen und- Beobachtungen für den OK zu erstellen. Heute, nach seiner Pensionierung, ist er der Berichterstatter seiner Heimatstadt schlechthin. Er organisiert Wanderungen und Führungen durch die Umgebung, filmt dabei die Sehenswürdigkeiten, erklärt den Teilnehmern vieles und interviewt sie gleichzeitig dabei*".

An dieser Stelle mein Dank an die Kameramänner/-frau der letzten Jahre:

- Peter Fritz aus Hochscheid
- Heribert Geiter aus Wittlich (Jahreszeiten-Wetterrückblicke)
- Hans Wagner aus Starkenburg
- Rita Albright aus Starkenburg

Ca. 80 Filme haben diese Personen unter der Regie von Hubertus Schulze-Neuhoff für den „Offenen Kanal Wittlich" und seine Zuschauer produziert.

Kapitel 20.8: Die zwei Bücher von H S N im Jahre 2005 und 2006

Im Jahre 2005 brachte Hubertus Schulze-Neuhoff im Books und Demand-Verlag das Buch „von Stein zu Stein", von „Schanze zu Schanze" und „Weinlage zu Weinlage" heraus. („ein kleiner Wanderführer zu den Sehenswürdigkeiten, den Menhiren und alten Schanzen in der Umgebung von Traben-Trarbach und im Eggegebirge usw....Auch führt er durch die Anbaugebiete des „herrlichen Moselweins").

Wer so aktiv ist, sich einmischt, Empfehlungen gibt, spontan seinem Herzen folgt, anders ist als die Masse, auch mal gegen den Strom schwimmt,......erntet natürlich nicht nur Lob und Freunde.

Kapitel 20.9: Warum wurde HSN so unermüdlich aktiv ?

Durch den Tod meines Bruders Rüdiger wurde ich ein so aktiver und unabhängiger Einzelkämpfer in Sachen Klimaforschung und für meine Wahlheimat an der Mosel und im Eggegebirge, ein „liebevoller Exot" für meine Freunde.

Zum Weihnachtsfest 2010 bekam ich das Buch mit dem Titel „Geschwister-Tod" von Minke Weggemans, Kösel-Verlag, geschenkt. Seitdem weiß ich, dass die Beerdigung meines Bruders am 18. Dezember 1965 (6 Tage vor Heilig Abend und 23 Tage vor meinem 21. Geburtstag) mich zu dem machte, wie ich wurde.

Auf Grund dieses Ereignisses aus dem Jahr 1965 lebe ich spontaner als viele Mitbürger, gehe gelassener mit Problemen um und schere mich weniger um Kleinigkeiten...
Durch das Buch zur Selbsterkenntnis gelangt, habe ich nun mit vielen Kritikern Frieden geschlossen, die mich nun besser verstehen.

Nach einem positiven Friedensgespräch und Ortsbegehung zur Himmelspforte sind auch die Aussichten gestiegen, dass dieser Panoramablick (siehe Foto) öffentlich zugänglich gemacht und beworben wird.

Kapitel 21: Graphiken u. Fotos zum Thema Klima und Aktivitäten

So sieht das Buch aus:

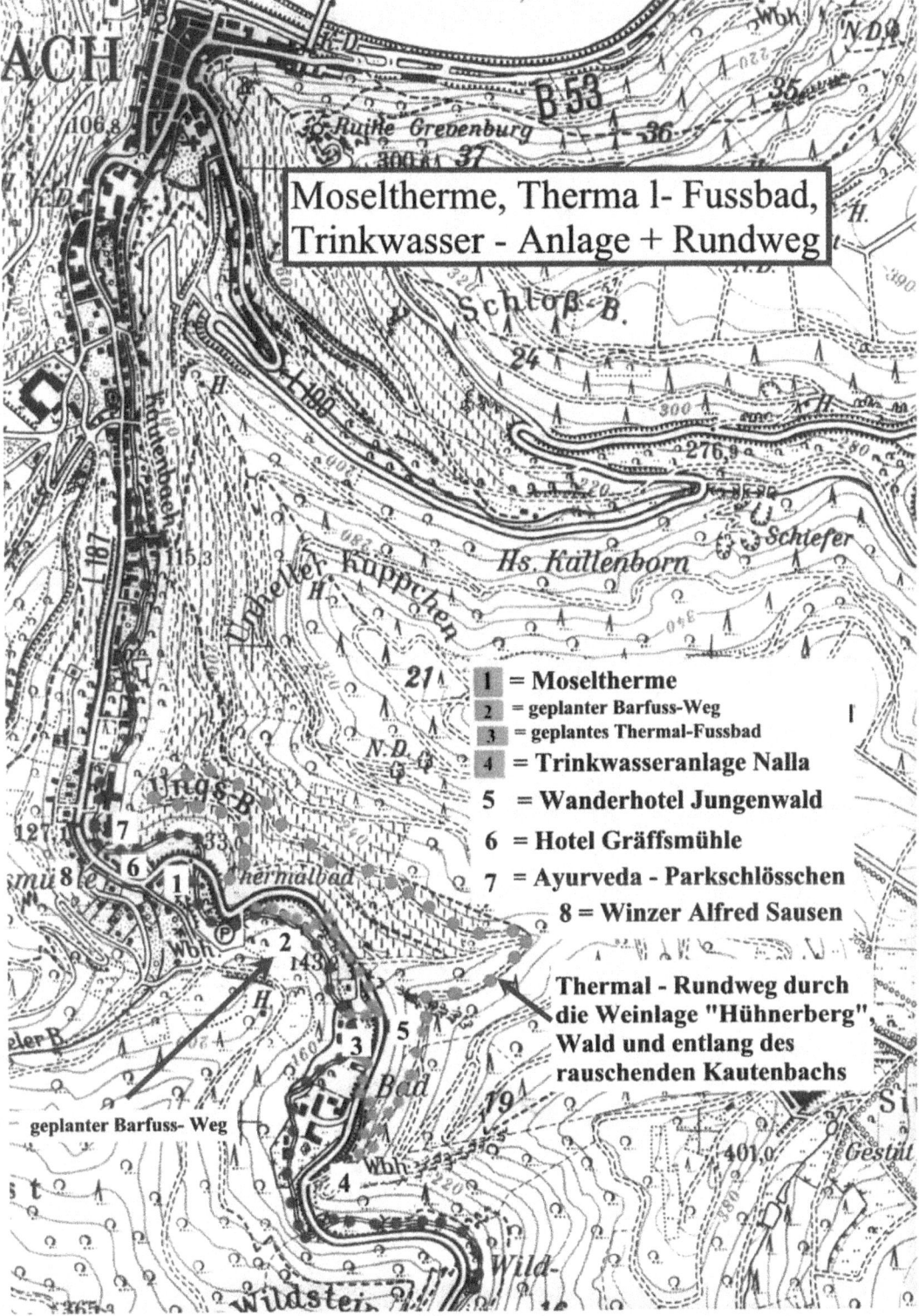

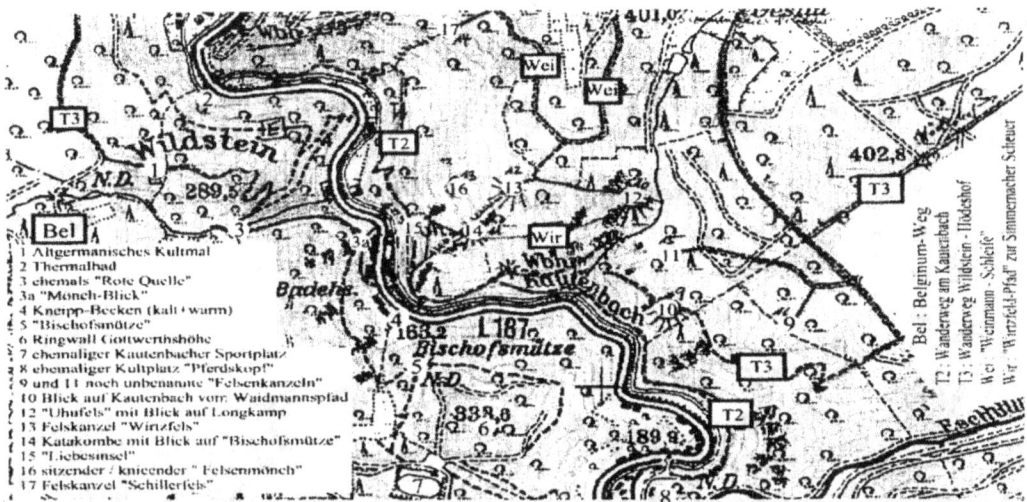

Sehenswürdigkeiten und Wanderpfade in der "Trarbacher Schweiz"
- im "Kautenbacher Felsengarten", Ausdruck von Horst Faust
- in der "Vier-Sterne-Landschaft" der Mittelmosel, Ausdruck von Günter Oberle

Der „Schlangenstein" bei Willebadessen, am PC bearbeitet von Dr. Gert Meier und Stefan Hövel

Wetterlage vom 13. Dezember 2009 mit Omega-Hoch über Ostatlantik/Westeuropa (siehe 552 Isohypse, gelbbraun), Karte 500 hPa und Bodendruck des DWD. Dank an Dietmar Thiel für die vier Wetterkarten.

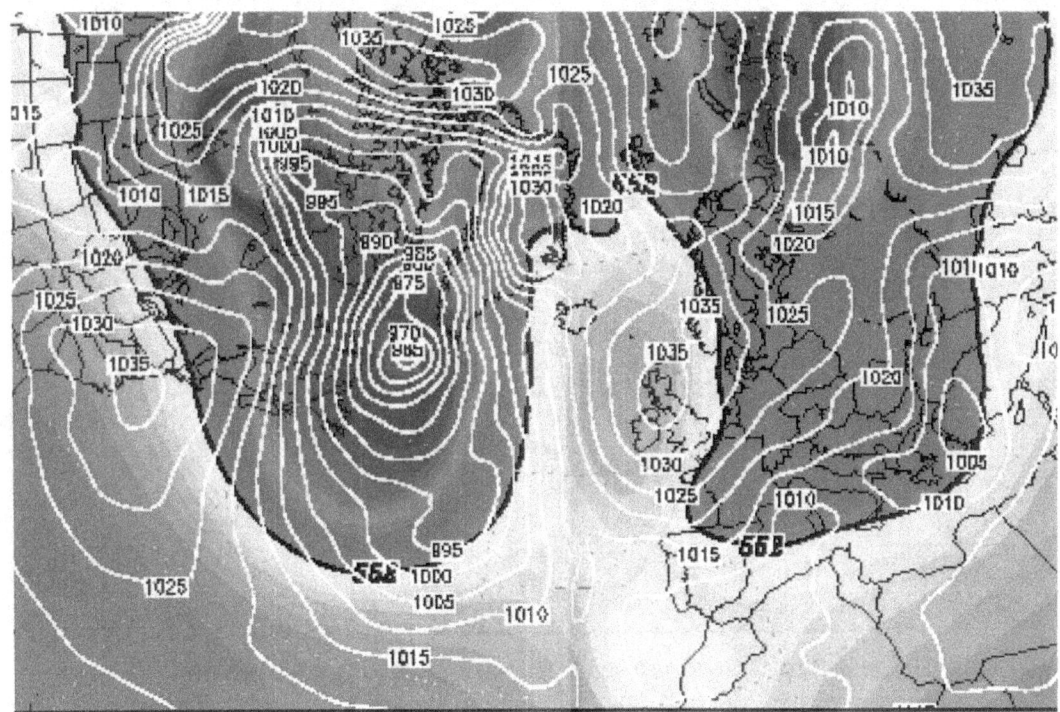

en: GFS—Modell des amerikanischen Wetterdienstes
Wetterzentrale
.wetterzentrale.de

Wetterlage vom 15. Dezember 2009 mit Omega-Hoch über Ostatlantik/Westeuropa (siehe 552 Isohypse, gelbbraun), Karte 500 hPa und Bodendruck des DWD. Wir erkennen eine leichte Verschiebung des Höhenhochkeils nach Westen.

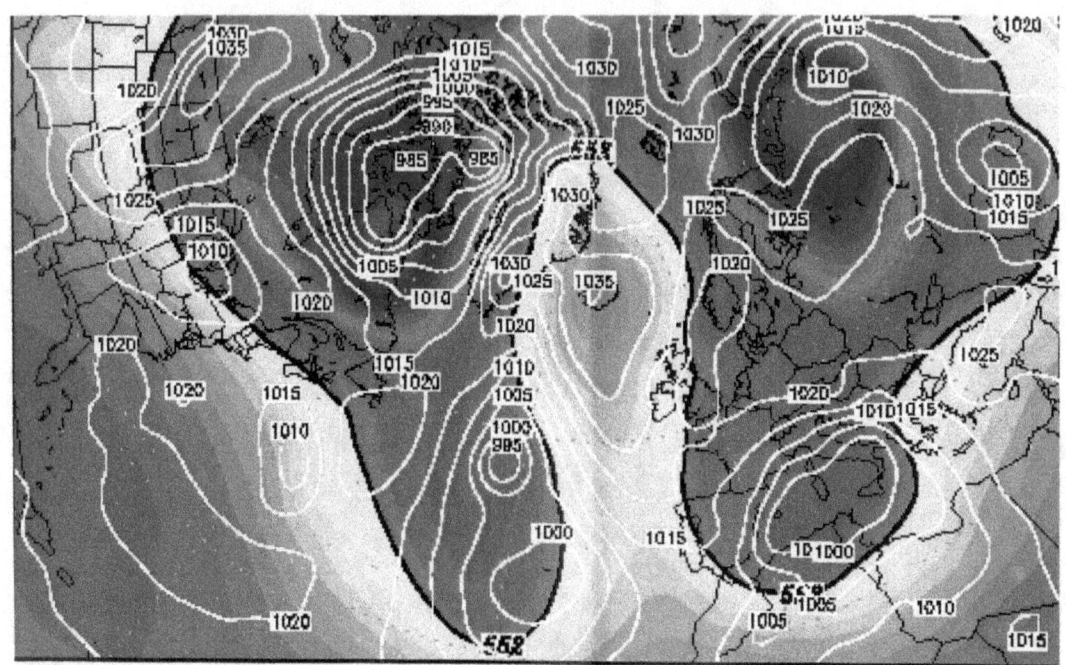

**Wetterlage vom 18. Dezember 2009 mit Omega-Hoch über dem Atlantik
(siehe 552 Isohypse, gelbbraun), Karte 500 hPa und Bodendruck des DWD.
Wir erkennen eine weitere Verschiebung des Höhenhochkeils im Nordteil nach Westen.**

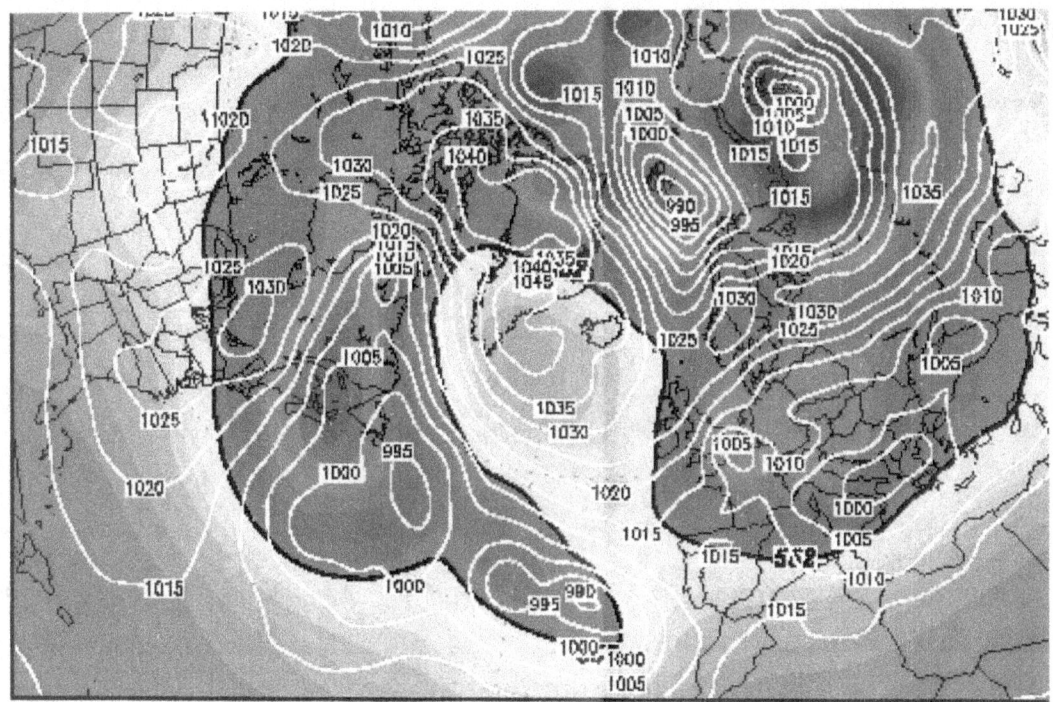

Daten: GFS-Modell des amerikanischen Wetterdienstes
(C) Wetterzentrale
www.wetterzentrale.de

Wetterlage vom 21. Dezember 2009 mit der 552 Isohypse über dem Westatlantik.
Wir erkennen den gelbgefärbten „Warmluft-Propfen" über Südgrönland und Baffin Bay,
Rest vom westwärts verschobenen Höhenhochkeil.

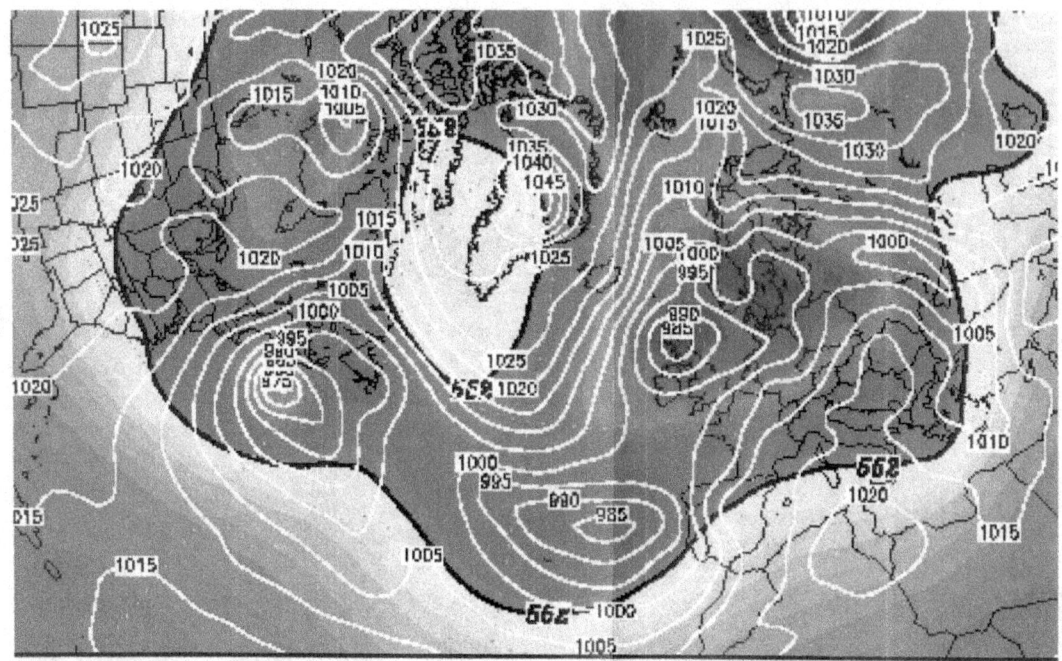

Daten: GFS-Modell des amerikanischen Wetterdienstes
(C) Wetterzentrale
www.wetterzentrale.de

Graphik der arktischen Oszillation (AO-Index) ab 1950: Stark negative Werte 1950 bis 1969/70 und seit Mitte 2010, stark positive Werte 1989 bis 1994 und von 2000 bis 2002.

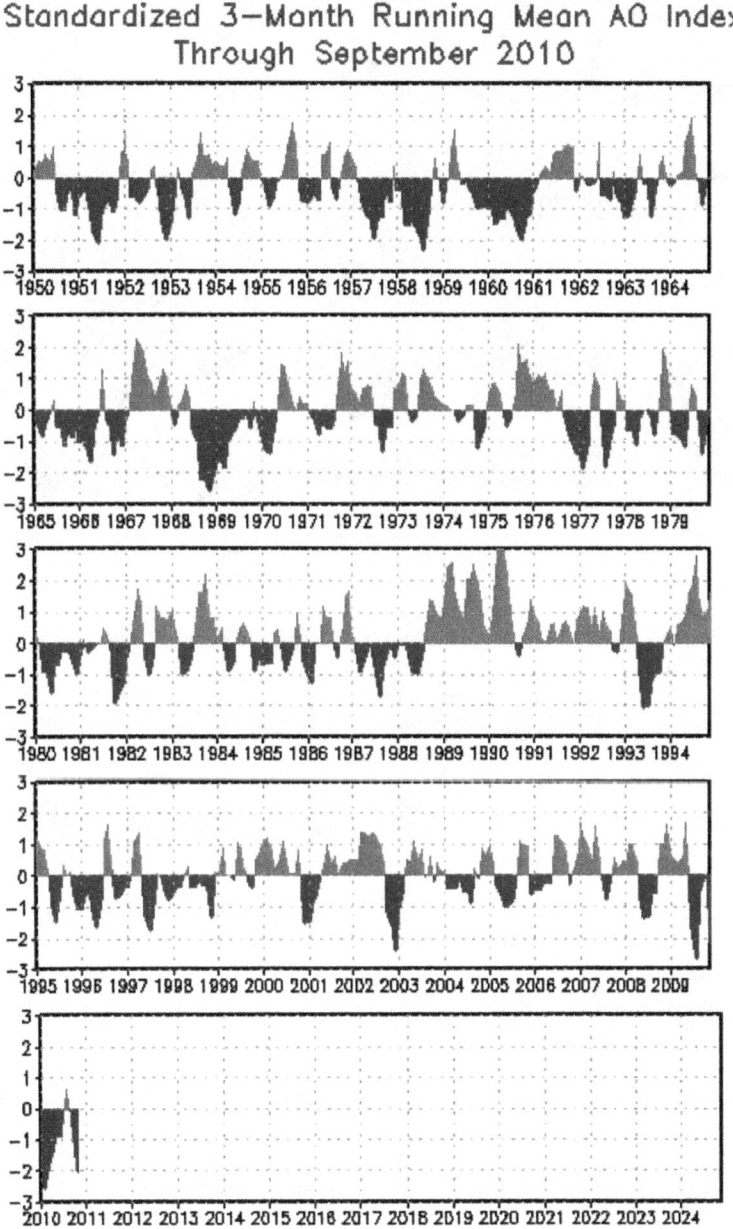

Graphik des Zirkulations-Index EL NINO/SOUTHERN OSCILLATION (ENSO):
Dominierend negative Werte 1950 bis 1976, dominierend positive Werte nach dem
Klimawandel 1977 bis zum Super-EL NINO 1997/98. Dominierend negative bzw. schwach
positive Werte ab dem erneuten Klimawandel 1998 bis aktuell (Januar 2011).

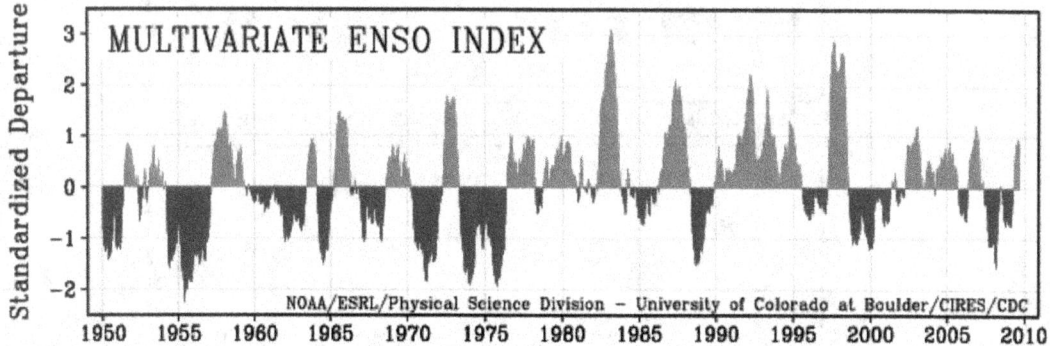

Graphik der nordatlantischen Oszillation (NAO) ab 1950 bis aktuell: Dominierend negative Werte 1950 bis 1971 (ähnlich wie bei der arktischen Oszillation, Abb. Seite 76), dominierend positive Werte nach dem Klimawandel 1972 bis 1995 (Rückfall um das Jahr 2000), durchweg negative Werte seit Juni 2009 (Ausnahme September 2009), extreme negative Werte Dezember 2009 bis Februar 2010 sowie November und Dezember 2010. Das war die Ursache der zwei kalten und schneereichen Winter.

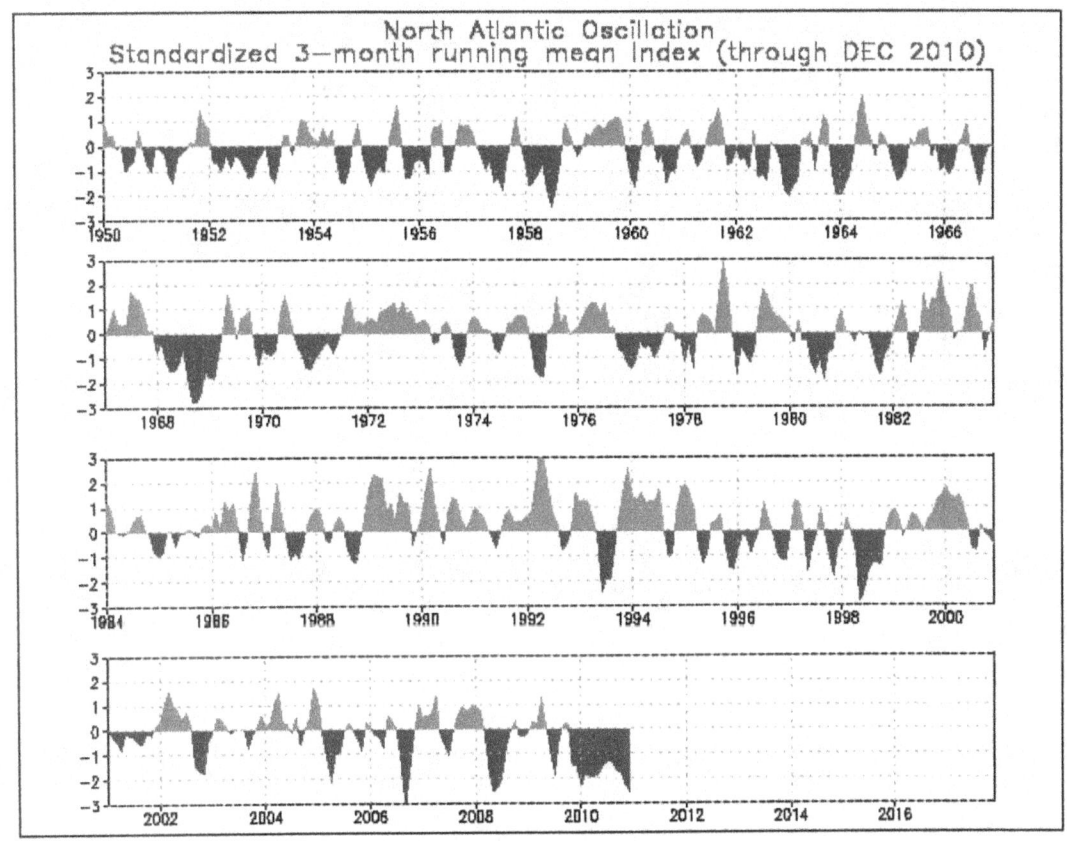

Quelle der Abb:
http://www.cpc.ncep.noaa.gov/data/teledoc/nao_ts.shtml

Quelle der Tabelle:

ftp://ftp.cpc.ncep.noaa.gov/wd52dg/data/indices/tele_index.nh

Omega-Hoch BARBARA westlich von Irland, siehe die roten Isohypsen 560 und 568 gpdm in 500 hPa von www.wetteronline.de

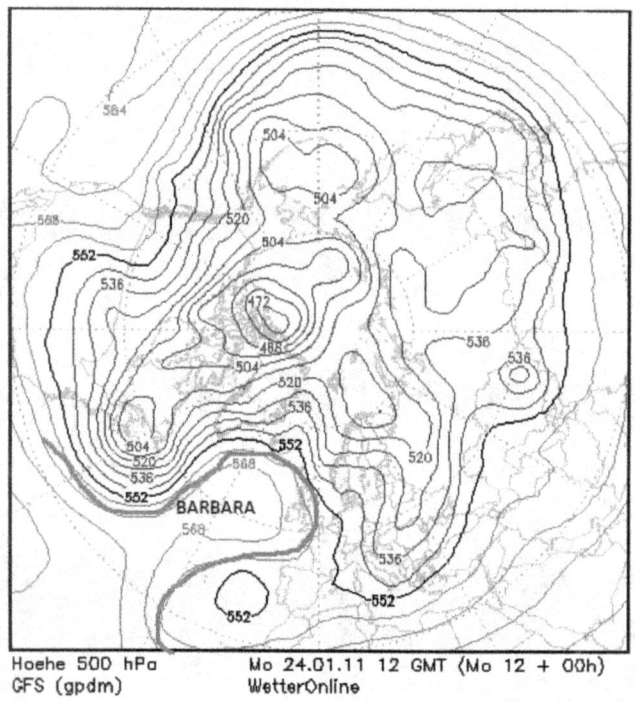

In www.awekas.at und www.wetter-board.de findet Ihr seit 26. Januar 2011 mit Bearbeitungs-Programm „PAINT" so beschriftete Zirkumpolar-Wetterkarten.

Kapitel 22: Abschlussbemerkungen zum Hochwasser in Australien

Im Januar 2011 wurde Australien von einer schlimmen Hochwasser-Katastrophe heimgesucht. Dem Fernsehzuschauer wurde suggeriert, dass das Hochwasser in Brisbane das schlimmste seit Menschengedenken gewesen sei. In Wahrheit erreichte es nicht den Höchststand vom Januar 1974. Bei beiden Hochwasser-Katastrophen spielte LA NINA, die große Schwester von EL NINO, die entscheidende Rolle. Dann konzentriert sich Warmwasser nördlich von Australien, positive SOUTHERN OSCILLATION INDEX (SOI) dominieren. Im November 1973 hatte der SOI-Index einen Wert von 31.6 Einheiten, im September und Dezember 2010 traten Werte von 25.0 und 27.1 auf, gefolgt von den Hochwasser-Katastrophen jeweils im nachfolgenden Januar.
Nicht die Klima-Katastrophe, nicht Kohlendioxyd oder Sonstiges war also die Ursache, sondern die „Luftdruckschaukel" im südlichen Pazifik zwischen den Orten Darwin (Australien) und Tahiti.

Quelle der SOI-Werte:
http://www.bom.gov.au/climate/current/soi2.shtml

Quelle der SOI-Tabelle ab 1876:
http://www.bom.gov.au/climate/current/soihtm1.shtml

Quelle der SOI-Graphik der Jahre 1969 bis 1976:
http://www.bom.gov.au/climate/current/soi-1969-1976.shtml

Letztere Graphik zeigt dominierend positive SOI-Werte (eine lange LA NINA-Phase von 1970 bis 1976, Doppelmaximum mit dem Höchstwert im November 1973).

Das, liebe Leser waren meine letzten Sätze zu diesem Buch. Wir, Hubertus Schulze-Neuhoff und Werner Blum, haben uns bemüht, alle „Fehlerteufelchen" zu vermeiden.

www.ingramcontent.com/pod-product-compliance
Lightning Source LLC
Chambersburg PA
CBHW082358220526
45470CB00008B/2789